人生哲理枕边书 每天读一个人生哲理

桑楚 / 主编

中国华侨出版社 北京

　　米兰·昆德拉说："生活是一张永远无法完成的草图，是一次永远无法正式上演的彩排，人们在面对抉择时完全没有判断的依据。我们既不能把它们与我们以前的生活相比，也无法使其完美之后再来度过。"人生是从生到死的过程，对人生多一些思考，生活才会少一些盲目。

　　你对自己的人生做过何种思考？要知道，读懂人生，才能成就一生。哲理之于人生，就像照亮黑夜的明星、引领航行的罗盘，没有它的指引，人们将永远在盲目与混乱中摸索、挣扎，举步维艰，找不到正确的方向。苏格拉底曾说，人生就是一次无法重复的选择。每个人都会面临来自生活、工作和社会的各种各样的压力与问题。当难题迎面而来的时候，充分汲取、掌握并运用睿智的哲理来指明人生的方向，领悟人生的意义，就能加速我们成功的进程。凝聚前人智慧和经验的哲理是我们一辈子都可以受益的经典，只要你悟透其中的道理，娴熟地掌握其中的方法、策略和技巧，一定能深刻地理解和把握人生，明智而从容地面对人生道路上的各种问题，少走一些弯路，少受一些挫折，顺利、快速地走向成功和幸福。

一滴水珠就可折射出太阳的光辉，一朵小花即能蕴含天堂的美好。生活中一些平凡的小事物里往往包含着最深刻的人生道理，它们比起抽象的理论，能以更简单、更直接、更迅捷的方式把这些道理揭示出来，拨动我们的心灵，让我们于瞬间豁然开朗。本书浓缩了不同时代、不同领域人们的智慧精华，从中提炼出隽永而实用的人生哲理，涵盖人生的方方面面，是一部囊括人生智慧的哲理宝典，一部铸就成功与完美的人生指南。不论你处在人生的哪个阶段，也不论你从事何种事情，你都能从书中找到相应的哲理来指导自己。

书中所选内容短小精悍，并配以精美插图，希望能够为读者打开通往大千世界的明窗，使人能够见微知著，从一滴水看见整个大海，由一缕阳光洞见整个宇宙。

每天读一句哲理，生活将峰回路转，多了一份通达；每天学一点智慧，人生将处处得失自如，多了一份坦荡；每天一个领悟，心灵将多一份淡定从容。

目录

人生哲理枕边书　每天读一个人生哲理

人生哲理枕边书　每天读一个人生哲理

孔子的感悟

孔子的一位学生在煮粥时，发现
有肮脏的东西掉到锅里去了。他连忙
用汤匙把它捞起来。正想把它倒掉时，
忽然想到，一粥一饭都来之不易啊，
于是把它吃了。刚巧孔子走进厨房，
以为他在偷食。当学生将食物呈上时，
孔子提起此事，学生连忙解释，大家
才恍然大悟。孔子很感慨地说："我
亲眼看见的事情都不真实，何况是道
听途说呢？"

人生哲理

亲眼所见尚不确实，更不要说道听途说了。因此，不要轻
易相信谣言，否则辛辛苦苦建立的事业说不定会毁于一旦。

人的魅力

有一个富家的女子，自小娇生惯养，养成了一身坏毛病。
所以，尽管她貌美如花，却不受人欢迎。她认为不是自己做错

了什么，而是自己没有魅力。

她去拜访无德禅师，并向禅师请教如何才能有魅力。无德禅师告诉她："你要想有魅力，受到大家的欢迎，只要做到以下的事情就可以了：讲禅话、听禅音、做禅事、有禅心。"

无德禅师见她疑惑，就解释说："禅话就是让人欢喜的话、谦虚的话、真实的话；要聆听自然界的一切声音，微妙的风声、低吟的虫鸣，要倾听人世间一切生命的呼喊，不论他是贵是贱，说出的话是难听的还是悦耳的；要做布施的事、慈善的事、利他的事、自心真空的事，不执着于结果，不执着于毁誉；要有你我如一之心、圣凡一致之心、包容一切之心、无执着于分别之心。"

听完禅师的话，女子顿时就明白了自己的问题所在，并决心改正。没多久，人们便喜欢上这个女子。

人生哲理

　　一个人的魅力更多地体现在他的气质和心灵。从一定程度上说，魅力来自我们的真心和诚挚。

没有上锁的门

小村庄里住着一对母女，母亲害怕遭窃，总是一到晚上便在门把上连锁三道锁。

女儿厌恶了枯燥而一成不变的乡村生活，她向往都市，想去看看自己想象中的那个华丽世界。某天清晨,女儿为了追求那虚幻的梦,趁母亲还在熟睡时偷偷离家出走了。

可惜这世界不如她想象的美丽动人,她在不知不觉中,走向堕落之途,深陷无法自拔的泥泞中,这时她才领悟到自己的过错。

10年后,已经长大成人的女儿拖着受伤的心与疲惫的身躯,回到了故乡。她回到家时已是深夜,微弱的灯光透过门缝渗透出来。她轻轻敲了敲门,却突然有种不祥的预感。女儿扭开门时吓了一跳:"好奇怪,母亲之前从来不曾忘记把门锁上的。"母亲瘦弱的身躯蜷曲在冰冷的地板上,以令人心疼的模

样睡着了。

"妈……妈……"听到女儿的哭泣声，母亲睁开了眼睛，一语不发地搂住女儿疲惫的肩膀。在母亲怀里哭了很久之后，女儿突然好奇地问道："妈，今天你怎么没有锁门，有人闯进来怎么办？"母亲回答说："不只是今天，我怕你晚上突然回来进不了家门，所以 10 年来门从没锁过。"母亲十年如一日，等待着女儿回来，女儿房间里的摆设一如当年。这天晚上，母女恢复到 10 年前的样子，紧紧锁上房门睡觉了。

> **人生哲理**
>
> 对于流浪在外的人来说，家是一道永远也不会上锁的门。对于遍尝人间苦乐的游子，母亲会给你永远的温暖。

人言罪我

列子十分贫穷，家里常常穷得揭不开锅，因此他面黄肌瘦，身体瘦弱不堪。他的妻子儿女也跟着受苦，但他丝毫不以为苦，一直拒绝出来做官。

一天，郑国宰相子阳的门客对子阳说："听说列子是个道德高尚的人，他居住在您的国家却贫苦不堪，恐怕是因为您不爱惜人才吧？"子阳听了，立即命令手下给列子送去粮食。

送粮食的使者到了列子家里，说明了来意，并转达了宰相的问候，希望列子收下粮食。

列子出来后，再三拜谢，但坚决不收粮食，然后送走了使者。

他的妻子十分恼怒，捶胸顿足地说："我听说有道之士的妻子儿女都能享受安逸舒适的生活。现在家里已经穷得揭不开锅了，宰相给你送粮食过来，你却坚决不收。这难道不是苦命的表现吗？"

列子笑了笑，说："宰相送粮食给我，是因为他接受了别人的劝说，并不是他本来就想要送粮食给我。今天他可以接受别人的劝说，给我送粮食；明天也就有可能听从别人的劝说，加罪到我的头上。这就是我不接受他送的粮食的原因啊！"后来，郑国的百姓不堪忍受子阳残酷的统治，起来叛乱而杀死了子阳。很多接受子阳假意恩惠的人都受到牵累，列子却安然无恙。

人生哲理

有道之士，要能见微知著，察知事物的缘由，方能全身免祸。连善恶都分辨不清，又怎么能领悟高深的道呢？

20 美元

这是一场精彩的演讲，它的精彩就在于演讲者那别具一格的开场白：演讲者手里高举着一张 20 美元的钞票，面对会议室里的 200 个人，问道："谁要这 20 美元？"一只只手举了起来。他接着说："我打算把这 20 美元送给你们中的一位，但在这之前，请准许我做一件事。"他说着将钞票揉成一团，然后问："谁还要？仍有人举起手来。他又说："那么，假如我这样做又会怎么样呢？"他把钞票扔到地上，又踏上一只脚，并且用脚碾它。尔后他拾起钞票，钞票已变得又脏又皱。"现在谁还要？"还是有人举起手来。

人生哲理

　　如果我们把自己看成那20美元，道理就很好理解了。不管我们经受多少逆境、欺凌，但是只要我们始终认定自己的价值，就始终是无价之宝。

贪欲之罪

释迦牟尼在世，经常要去各地说法，每到一处，就要感召人们领悟佛法。这日佛陀在北方传教时，听到焦沙罗国的国王要屠杀大量的牲畜。于是他立即赶到焦沙罗国。一路上，他看到百姓正在驱赶牛羊牲畜前往宫殿，进献供品，牛羊牲畜的嘶叫声响彻朝野。

佛陀来到宫殿，见到国王并问他："您为什么要杀生？"国王回答说："近日我经常无端做噩梦，梦里各种妖魔鬼怪扑面而来，让我心惊胆战。现在身体日渐消瘦。我已问过内行人，他们听说我的梦境后，告诉我从今日起要杀大量的牛羊祭鬼神，这样连续七七四十九天后，噩梦就会慢慢消失，我们也会国泰民安。"

佛陀听后明白了原委，就对国王宣讲佛法，告诉他要爱惜一切生命，发扬善良慈悲之心，心情自然平静，不生邪念，魔鬼就没有机会侵扰。要解脱烦恼，就要修习佛法，使自己觉悟。

焦沙罗国王接受了佛陀的教诲，皈依佛陀，成为佛教弟子。

人生哲理

人的欲望太强了，才生出许多烦恼，烦恼多了噩梦自然就多了起来。贪是万恶的源头，它会使人走上一条不归路。所以，看守好自己的内心就能守护好自己的幸福。

神父的故事

在某个小村落，下了一场非常大的雨，洪水开始淹没全村。一位神父在教堂里祈祷，眼看洪水已经淹到他的膝盖了。一个救生员驾着舢板来到教堂，跟神父说："神父，赶快上来吧！不然洪水会把你淹死的！"神父说："不！我深信上帝会来救我的，你先去救别人好了。"

过了不久，洪水已经淹过神父的胸口了，神父只好站在祭坛上。这时，又有一个警察开着快艇过来，跟神父说："神父，快上来，不然你真的会被淹死的！"神父说："不，我要守住我的教堂，我相信上帝一定会来救我的。你还是先去救别人好了。"

又过了一会儿，洪水已经把整个教堂淹没了，神父只好紧紧抓住教堂顶端的十字架。一架直升机缓缓地飞过来，飞行员丢下了绳梯之后大叫："神父，快上来，这是最后的机会了，我们可不愿意见到你被洪水淹死！"神父还是意志坚定地说："不，我要守住我的教堂！上帝一定会救我的。你还是先去救别人好了。上帝会与我共在的！"

洪水滚滚而来，固执的神父终于被淹死了……神父上了天堂，见到上帝后很生气地质问："主啊，我终生奉献自己，战战兢兢地侍奉您，为什么您不肯救我？"上帝说："我怎么不肯救你？第一次，我派了舢板去救你，你不要，我以为你担心舢板危险；第二次，我又派一只快艇去，你还是不要；第三次，我以国宾的礼仪待你，再派一架直升机去救你，结果你还是不愿意接受。所以，我以为你急着想要到我的身边来，可以好好陪我。"

人生哲理

生命中的太多障碍，都是自己过度固执与死板造成的。当我们总想着他人为何不伸出援手的时候，我们首先要想一想：自己，是否才是决定自己生死的那个最关键的人。

遇盗

秦国的牛缺去赵国游玩。半路上，他遭遇到一伙强盗。那些强盗抢走了他的衣服和车马。牛缺毫不介意，继续步行着向前走去。强盗们十分奇怪，追上去问道："我们抢了你的东西，你为什么一点也不忧伤呢？"

牛缺回答说："钱财是身外之物，君子不会因为这些身外之物而损害自己的道德。"

强盗们赞叹说："真是贤人啊！"接着他们互相议论说："这样的贤人，如果到赵国见了君王，一定会受到重用。这样他一定会对付我们，我们必然遭殃。"于是，强盗们赶上前去把牛缺杀了。

后来，一个燕国人听说了这件事，对他的家人说："你们如果遇到强盗，不要像牛缺一样。"

不久，他的弟弟去秦国，果然遇到了强盗。他记起哥哥的劝诫，与强盗们奋勇争斗。他毕竟人单力薄，无法胜过那些强盗，强盗们抢了他的东西走了。但他又追了上去，祈求他们把东西还给他。

强盗们说："我们刚才让你活命已经对你很仁慈了，你居然还一直追赶我们，如果我们放了你，我们的行迹必然败露。既然已经做了强盗，还讲什么仁义呢？"于是，强盗把他杀了。

人生哲理

牛缺因为仁义被杀，燕人却因为奋勇争斗而死。仁义与争斗，都不是固定不变的，我们为什么要固守一定的道理呢？拘泥于一点，这是多么愚蠢的表现啊！

土拨鼠哪里去了

有三只猎狗追一只土拨鼠，土拨鼠钻进了一个树洞。这个树洞只有一个出口，可不一会儿，居然从树洞里钻出一只兔子，兔子飞快地向前跑，并爬上另一棵大树。兔子在树上，仓皇中没站稳，掉了下来，砸晕了正仰头看的三条猎狗，最后，兔子终于逃脱了。

人生哲理

看完这个故事，你会发现它存在很多问题：兔子不会爬树；一只兔子不可能同时砸晕三条猎狗。如果你能想到"土拨鼠哪去了"这个问题，你就还有救。因为在我们奋斗的过程中经常会有一些突发的事情打乱我们的计划和思路，让我们忘记了既定的目标。这是很可怕的事情，所以千万不要忘了时刻追问自己：心中的目标哪去了？

冻死的父子

已经到了封山季节，但是因为有个药材商愿意出高价收购灵芝，父子三人就冒险上山了。可是山上的温度已经低于零下几十度，他们一无所获，只好下山。

俗话说上山容易下山难。下山的路上父亲被严重冻伤，已经无法走路了。父亲就让两个儿子穿上自己的衣服下山去。儿

子们哪能抛下父亲不管，大儿子脱下自己身上的衣服套在父亲身上，小儿子背着父亲继续前行。不一会，父亲没了气息，大儿子也冻得无法前行。大儿子就让弟弟穿上自己的衣服下山去。弟弟坚决地脱下自己身上的衣服，套在了哥哥身上。

结果小儿子也冻死了。

人生哲理

如果他们肯舍得一个人的性命，就可能保住其他两个人的性命。但是，当人们面对这种情况的时候，往往都是因为爱而失去理智。其实，人应理智地面对现实，要懂得舍弃，并拥有决断的勇气。

亨特的经历

美国石油大王亨特，拥有令全美羡慕的财富，还娶了银行家罗斯的女儿。然而，若干年前的他可是极其落魄的。

当时，亨特还是一个年轻人，他去了城里，想找一份工作。可是他发现城里人都看不起他，因为他没有文凭。就在他决定要离开那座城市时，亨特决定给当时很有名的银行家罗斯写一封信。他在信中说："命运对我实在太不公平了，如果您能借一点钱给我，我会先去上学，然后再找一份好工作。"

几天过去了，身上的钱也花光了，他只好打理行李准备离开。就在这时，房东说有他一封信，是银行家罗斯写来的。信里罗斯给他讲了一个故事：

在浩瀚的海洋里生活着很多鱼，那些鱼都有鱼鳔，但是唯独鲨鱼没有鱼鳔。没有鱼鳔的鲨鱼照理来说是不可能活下去的。因为它行动极为不便，很容易沉入水底，在海洋里只要一停下来就有可能丧生。为了生存，鲨鱼只能不停地运动。很多年后，鲨鱼拥有了强健的体魄，成了同类中最凶猛的鱼。

最后，罗斯说，这个城市就是一个浩瀚的海洋，拥有文凭的人很多，但成功的人很少。你现在就是一条没有鱼鳔的鱼……

亨特长久地想着罗斯的信，突然，他改变了决定。第二天，他对旅馆的老板说，只要给一碗饭吃，他可以留下来当服务生，

一分钱工资都不要。旅馆老板不相信世上有这么便宜的劳动力，很高兴地留下了他。

若干年后，亨特成功了。

> **人生哲理**
>
> 当我们真的意识到自己的劣势时，这种劣势就会变成前进的动力。也就是说，有时阻止我们前进的不是贫穷，而是无知。

齐景公善待百姓

大雪一连下了三天了，还不见有停的迹象。齐景公身披狐皮做的裘衣，来到殿堂的一侧，让晏子和他一起欣赏雪景。

齐景公一边欣赏一边不停地赞叹雪景的美丽。突然他好像发现了什么似的，转过头对晏子说："真奇怪，大雪下了三天了，怎么天气却并不是很寒冷。"

晏子站在一旁没有出声。景公就问晏子说："大夫有什么话要对我说吗？"晏子就问景公说："大王觉得天气不冷吗？"景公笑了笑，说："当然不冷了。"

晏子说："我听说古时候贤明的君主自己吃饱了，还顾虑有没有别的人忍饥挨饿；自己穿暖和了，还惦记着别人是不是在遭受寒冷；自己安逸了，还知道别人在忧心劳体。现在大王您怎么不知道寒冷呢？"

景公听后面色一变，温和地对晏子说："大夫说得很好。"

于是景公就下令拿出裘衣和粮食，救济挨饿受冻的人。

> **人生哲理**
>
> 善良的人，总是会设身处地去体会别人的切身感受，总是会"推己及人"地为别人着想。

谨身节用的晏子

有一次，田桓子见晏子穿着普通百姓穿的黑色布衣和麋鹿皮袄，坐着破车，驾着劣马上朝，就对齐景公说："您看他的穿着、车马，这显然是在埋没您的恩赐。请罚晏子喝酒。"

齐景公就让手下罚晏子喝酒。晏子就问："为什么？"田

桓子说："君王赐给您卿相之位让您尊贵，赐给您金钱百万让您富豪，群臣的爵位没有人比您高，俸禄没有人比您多，今天您却穿着黑色布衣、麋鹿皮袄，坐着破车，驾着劣马上朝，这实际上是埋没君王的恩赐，所以罚您喝酒。"

晏子听后说："君王赏给我卿相之位让我尊贵，我不敢为了显耀自己而接受，我接受是为执行君王的命令；君王赏给我金钱百万让我家豪富，我不敢为了自己的富有而接受，我接受是为了报答君王的恩赐。我听说古代的贤臣，如果接受了厚重的赏赐，只把恩惠泽及家族，就要受责备；任职办事，不能胜任，也要受到责备。君王宫内的仆役，是我的父兄，如有离散，流落边远之地，这是我的罪过。君王宫外的仆役，也是我职守内应管的，如有流亡到四方的，这是我的罪过。兵器没修理，战车没维修，这也是我的罪过。至于说我乘破车驾劣马上朝，

我想这不是我的罪过吧？况且我因为有君王的赏赐，父族的人没有不坐车的，母族的人没有不丰衣足食的，妻族的人没有挨饿受冻的，国内闲散士人靠我生活的有几百家。像这样的生活，算显耀了君王的恩赐呢，还是埋没了君王的恩赐呢？"

人生哲理

　　谨身节用不只适用于官场，在生活中，也要奉行节俭的态度。过分奢侈浪费，就会使贪欲膨胀，进而使道德败坏，身败名裂。

坏脾气的乌龟

　　水池里，住着一只坏脾气的乌龟。天旱了，池水干涸，乌龟要搬家，两只雁儿用一根树枝，叫乌龟咬着中间，雁儿各执一端，吩咐乌龟不要说话，就动身高飞。孩子们看见，觉得很有趣，拍手笑起来。乌龟大怒，开口责骂。口一张开，就跌下来，撞到石头上死去了。

　　雁儿叹气说："这就是坏脾气的下场啊！"

人生哲理

　　碰到一点小事就发脾气，这就是俗称的坏脾气，若不及时疏通、矫正，不但会影响正常的人际关系，让人敬而远之，还会影响到自身的健康发展。

王安的遗憾

华裔电脑名人王安博士，6 岁时的一段经历使他记住了一个教训：只要是自己认定的事情，绝不可优柔寡断。

6 岁的王安在外面玩耍时发现了一个鸟巢被风从树上吹掉在地，从里面滚出了一个嗷嗷待哺的小麻雀。他决定把它带回家喂养。

当他托着鸟巢走到家门口的时候，他突然想起妈妈不允许他在家里养小动物。于是，他轻轻地把小麻雀放在门口，急忙走进屋去请求妈妈。在他的哀求下妈妈终于破例答应了。

王安兴奋地跑到门口，不料小麻雀已经不见了，他看见一只黑猫正在意犹未尽地舔着嘴巴。

人生哲理

思前想后，犹豫不决固然可以免去一些做错事的可能，但也同样会失去更多美好的事物。所以，只要是自己认定的事情，绝不可优柔寡断。

男作家和玛格丽特·米切尔

在某年的世界文学座谈会上，一位相貌平平的女士端坐在一个角落，她的隔壁坐着一位匈牙利男作家。这位男作家一副高傲的神色，看了一眼坐在隔壁的那位女士，问道："你也是

一位作家吗？"

"应该算是吧。"那位女士亲切地回答。

男作家继续问道："那你都写过什么作品呢？"

"哦，我没有写过其他东西，只写过小说而已。"那位女士谦虚地回答。

"原来是这样，我也是写小说的，到目前为止已经写过三十几本了，多数人都觉得不错，曾获得了好多好评。"男作家骄傲地说道。

说完以后，男作家又问："你写过几本小说呢？"女士微笑着回答："我只写了一本而已，没有你写的那么多。"

"才一本啊？书名是什么呢？我看看我看过没有。"男作家的得意之情越来越溢于言表。

"我那本小说叫《飘》，不知道你有没有听说过。"男作家顿时惊愕得无法搭腔，原来她就是大名鼎鼎的玛格丽特·米切尔。

人生哲理

有的人一辈子做了许多事，可都没有什么质量，而有些人一辈子认认真真地只做好了一件事，质量的重要性胜于数量，更不是金钱与地位能够换取的。

以德修身

孔子认为，人可以分为四类：庸人、士、君子、贤人。

鲁哀公问孔子说："请问什么样的叫作庸人呢？"

孔子说："所谓的庸人，是嘴里不能说好话，心里不知道忧虑，不知道选择贤人善士寄托自身并借以除去忧难，行动不知道该做什么，七情六欲支配着自己，这样的人就可以叫作庸人了。"

鲁哀公说："很好，那么什么样的人可以叫作士呢？"

孔子回答说："所谓士，他虽然不能全部知道做事的方法，但是还能够有所遵循；虽然不能把事情做得十全十美，但是肯定有所处置。所以他不追求知识的渊博，而追求知识的正确；不追求语言的冗杂，而追求所说的话正确；不追求行为的杂多，而追求所做的正确。所以他所掌握的知识，所说出的话，所做的事，就像生命和肌肤一样是不可更改的。因此富贵不能增加他，贫困也不能减损他，这就是士。"

鲁哀公又问："那么怎样才算是君子呢？"

孔子回答说："说话忠诚守信，但是内心并不以为这是什么了不起的品德；做事讲究仁义，但是并不以此为骄傲；思虑明通，但是言辞上并不争强好胜；所以他舒舒缓缓，就像别人可以赶得上，这就是君子。"

鲁哀公说："夫子说得对极了！您能告诉我什么样的便可以是贤人呢？"孔子回答说："贤人是说，他做事合乎规矩，但又不违反他的本性；言论足以做天下的表率，但是又不会因此而损伤到他自身；富有天下却并不蓄积财物，财物施舍给天下，但并不担心自己受贫。"

人生哲理

以德修身，以德养性，通过道德来提升自己、完善自己，这样才会达到君子和贤人的境界。

焦虑的大卫

大卫是个勤劳的农夫，他整日辛勤劳作，却刚刚可以解决家中的温饱。因为他家里的人口太多了，上有双亲，下有四个小孩。孩子们还小，还帮不上什么忙，整个家庭的重担全落在他一个人身上。尽管他早出晚归，辛苦耕耘，但是家中的经济情况一直不见好转。大卫非常着急，他每天都为这事而焦虑不安。

他整日想，假如今天的天气不好，那可怎么办呢？假如孩子们上学，到哪里去给他们筹集学费呢？

任何日常的琐事都会让他焦虑不安，可是他从未想过改变现状，因为那会让他更加焦虑：怎么改变呢？如果变得更糟，那可该怎么办？日子一天一天过去，大卫只是越来越焦虑了。

人生哲理

现实生活中许多人的焦虑是不必要的，因为他们把大量的时间用来考虑那些根本不可能发生的事情，就像杞人忧天一样。其实，担忧和焦虑是无济于事的，学会改变才最重要。

和而不流

子路向孔子请教什么叫作强。孔子说："强有几种，宽厚温和地教诲别人，对于对方的横暴无礼不以牙还牙地进行报复，这是南方的强；把刀枪甲胄当枕席，时刻都不离开武器和戎装，视死如归，这就是北方的强。君子可以随和，但是并不随波逐流，国家政治开明，自己也不改变穷困时的操守，国家暴虐，没有德政，至死也不改变平生的志向，这是真正的刚强！君子要做到和而不流，就要立定中正之道，不偏不倚，这才是真正的刚强啊！

人生哲理

随波逐流，就等于失去了自我的主宰，就是把自己的命运完全交给了别人去安排，其结果可想而知。

沈从文的第一堂课

1928 年，经徐志摩介绍，上海中国公学校长胡适同意聘用沈从文为中国公学讲师，主讲大学部一年级现代文学选修课。

当时，沈从文在文坛上已初露头角，在社会上也已小有名气，因此，教室里早已挤得满满的了。他站在讲台上，看见黑压压一片人头，心里陡然一惊，竟将要说的第一句话堵在嗓子眼里。他脑子里"嗡"的一声变成了一片空白。上课前，他自以为胸有成竹，既未带教案，也没带任何教材。

他呆呆地在那里站了近 10 分钟！教室里鸦雀无声！慢慢地，他平静下来，原先准备好的内容又开始在脑子里聚拢。他开始急促地讲述着，预定一小时的授课内容，竟被他用 10 多分钟就讲完了。他再次陷入窘境，只得拿起粉笔，在黑板上写道：

我第一次上课，见你们人多，怕了。于是，全堂爆发出一阵善意的笑声，胡适知道后，对沈从文的坦言和直率大加赞赏，认为讲课成功了！后来，沈从文找到了失败的症结，终于讲课时能挥洒自如了。

人生哲理

坦言失败就是成功的开始。如果你在失败面前凄凄惶惶，自怨自艾，或者为自己的错误遮遮掩掩，不敢正视，那就永远只能陷入失败的泥沼不能自拔。

山田本一的胜利

1984 年，日本选手山田本一出人意料地夺得了东京国际马拉松邀请赛冠军。面对他取得的惊人成绩，人们纷纷提出了质疑。一位记者还专门采访了山田本一，问他是怎样取得这么好的成绩的。山田本一的回答是：凭智慧战胜对手。许多人都认为这个偶然跑到前面的矮个子选手是在故弄玄虚。

两年后，山田本一又获得了意大利国际马拉松邀请赛的世界冠军，当记者又问起那个问题时，他的回答仍是那句话：用智慧战胜对手。

因为山田本一不善言谈，记者也就没加追问，但是 10 年后却在山田本一的自传中得到了答案："每次比赛之前，我都要乘车把比赛的线路仔细地看一遍，并把沿途比较醒目的标志画下来，比如第一个标志是银行；第二个标志是一棵大树；第三个标志是一座红房子……这样一直画到赛程的终点。比赛开始后，我就以百米的速度奋力地向第一个目标冲去，等到达第一个目标后，我又以同样的速度向第二个目标冲去。40多公里的赛程，就被我分解成这么几个小目标轻松地跑完了。起初，我并不懂这样的道理，我把我的目标定在40多公里外终点线上的那面旗帜上，结果我跑到十几公里时就疲惫不堪了，我被前面那段遥远的路程给吓倒了。"

人生哲理

要是多一些人具有山田本一的智慧，那么人生中也就不会有那么多的懊悔和惋惜了。因为，好多事情之所以会半途而废，不是因为难度大，而是因为目标离我们太远。

众口铄金

曾子住在费，费有个和曾子同名同姓的人杀了人。有人告诉曾子的母亲说："曾参杀了人"。

曾参的母亲非常惊讶，可是因为曾参平常是个非常善良的人，是不可能做出杀人的事情的，于是她马上说："不可能的，曾参是不会杀人的。"

过了不久，又有人说："曾子杀了人。"曾子的母亲还是若无其事地继续织布。

一会儿又有人进来了，这次是他们家的邻居。她气喘吁吁地对曾参的母亲说："不得了了，曾参杀人了！他已经被官府抓了起来，据说现在正在审理呢。你快点想想办法吧！"曾子的母亲害怕了，丢下梭子翻墙逃跑。

人生哲理

"众口铄金，积毁销骨"，所以君子要"不以言举人，不以人废言"。也就是说做人一方面要谨言慎行，不能没有根据地随便说话，另一方面也要以信待人，相信他人，不要随便怀疑别人。

淘气的里根

美国第 39 任总统罗纳德·里根小时候很淘气。11 岁那年，他与伙伴们踢足球时，不小心打碎了邻居家的玻璃。邻居向他索赔 12.5 美元。在当时 12.5 美元可是笔不小的数目，足足可以买 125 只生蛋的母鸡!

闯了大祸的里根向父亲承认了错误，但父亲让他对自己的过失负责。里根为难地说："我哪有那么多的钱赔人家？"

父亲拿出 12.5 美元，交给里根说："这钱可以借给你，但一年后必须要还给我。"此后，11 岁的里根开始了艰辛的打工生活，经过半年的努力，终于挣够了 12.5 美元，并还给了父亲。

里根在回忆这件事时说："通过自己的劳动来承担过失，使我明白了什么叫责任！"

人生哲理

自己的责任不要指望别人来替你负担，如果你连自己的责任都承担不起，那你将失去了在这个世界上生存的意义。记住责任和机会是相伴而来的，放弃责任也就等于放弃机会。

童第周的故事

1902 年，童第周出生在浙江的一个偏僻山村里。因为家境很不宽裕，他从小一面跟父亲念书，一面帮助家里做农活。直到 17 岁，他才在二哥的帮助下，进了宁波师范预科。第二年转入教会办的效实中学。这个学校对英文和数理化要求很严，童第周因为基础差，学习十分吃力，转学第一学期，平均成绩才45 分。学校要他退学或降级，他一再向校长请求跟班试读一学期。学校勉强同意后，他便开始以惊人的毅力，去攻克学习难关。早晨天不亮，他就悄悄爬起来，在路灯下读外语；夜里别人都睡了，他仍然站在路灯下自修功课。学监发现了，关上路灯，逼他进屋。他乘学监不注意，又溜到厕所外的灯下学习。就这样，第二学期他终于赶了上来，总平均分达到 70 多分，几何还考了 100 分。进入大学以后，他学习更加勤奋，基础越来越扎实，到临近毕业时，已经是老师和同学公认的高才生了！

28 岁时，在亲友的资助下，童第周远行比利时，跟着布拉舍和达克教授深造。布拉舍教授很有名望，跟他学习的还有一些其他国家的留学生。童第周来自贫穷落后的国家，初到之时，受到不少歧视。后来，布拉舍要做一种剥除青蛙卵膜的手术。这种手术大家都认为很难，布拉舍好几年还没有搞成。童第周却不声不响地搞成了，一下子震动了他的欧洲同行。布拉舍兴奋地说："童这个小个子真行！"

后来，童第周说："有两件事，我一想起来就很高兴。一件是我在中学时，第一次取得 100 分。那件事使我知道：我并不比别人笨。别人能办到的事，我经过努力也能办到。世界上没有天才，天才是用劳动换来的。另一件事就是我在比利时第一次完成剥除青蛙卵膜的手术。那件事使我相信：中国人不比外国人笨。外国人认为很难办到的事，我们照样能办到。

捕野鸡

有个人进林子去捕野鸡。他用的工具是一种捕猎机，它像一只箱子，用木棍支起，木棍上系着的绳子一直接到人藏身的灌木丛中。只要野鸡受撒下的玉米粒的诱惑，一路啄食，就会进入箱子。灌木丛中的人只要一拉绳子就大功告成。

支好箱子，藏起不久，就飞来一群野鸡，共有9只。大概是饿久了，不一会儿就有6只野鸡走进了箱子。这个人正要拉绳子，又想，那3只也会进去的，再等等吧。等了一会儿，那3只非但没进去，反而走出来3只。他有些后悔了，对自己说，哪怕再有一只走进去就拉绳子。接着，又有两只走了出来。如果这时拉绳，还能套住一只，但他对失去的好运不甘心，心想，总该有些要回去吧。终于，连最后那一只也走出来了。

驼背老人捕蝉

孔子游历到楚国，经过一片树林的时候，看见一个人捕蝉，就好像在地上拾取一样，从来不会失手。孔子走上前去，问道："请问先生是怎么把技术练得如此娴熟的？"

那人回答说："我刚开始捕蝉的时候，也像别人一样，常常失手。后来，我在竹竿顶上放两个丸子，用手举着，身子不动。这样训练几个月后，丸子在竹竿上可以不掉下来，这时去捕蝉，失败的概率就很低了。后来，我在竹竿上放三个丸子，如果不掉下来，这时去捕蝉，失败的情况就更少了。到后来，我放5个丸子在竹竿上，训练得不掉下来后，这时去捕蝉，就好像在地上拾取一样，从不失手。"

那人见孔子听得津津有味，又继续说："我捕蝉的时候，身体像木头一样静止不动；我把持着自己的手臂，就好像把持着一棵枯木一样。天地虽大，万物虽多，除了蝉的翅膀，一切我都看不见。我不回头不侧身，不因为万物转换对蝉翅膀的注意力，这样还有什么得不到的呢？"

人生哲理

排除了一切外在干扰，用心专一，精神高度集中，就可以达到神奇的境界。捕蝉如此，做任何事都是一样。

戈恩的改革

生产尼桑汽车的日产公司，到 1999 年已经是连续 26 年下滑，并背负着巨额债务，濒临破产边缘。于是，日产公司与法国雷诺公司达成合作协议，雷诺公司以 54 亿日元收购日产公司 56.8% 的股权。

1999 年 3 月，卡洛斯·戈恩到东京上任日产公司总裁。刚到东京，戈恩马上对日产公司的海外分部进行了巡访，紧接着又对日本国内各分部进行检查，他深入到生产车间、职工食堂、代销商办公室，认真听取每一位员工关于日产公司复兴的建议。

1999 年 10 月，在戈恩上任后的第 7 个月，他公布了日产公司的复兴计划，其内容的严酷性震惊了全日本。复兴计划准备在 3 年内裁员 2 万多人，关闭 5 家工厂，将 13000 多家零部件、原材料供应商压缩为 600 家，卖掉非汽车制造部门，将占尼桑汽车成本 60% 的采购成本降低 20%，但同时，戈恩承诺，若 2001 年不能转亏为盈，他与领导班子将集体辞职。

经过戈恩的大胆改革，日产公司神奇般地复活了，卡洛斯·戈恩也因此被美国《时代周刊》评为2001年度全球最卓越的商界领袖。

> **人生哲理**
>
> 作为好的管理者不仅要知道该做什么，还要知道为什么做，而且还要了解具体的结果。高高在上的管理者，不可能了解到基层的情况，所以所作出的决定也不可能体现最大众的利益。只有探求原因、过程和结果的管理者才是好的管理者。

说我是啥就是啥

士成绮从很远的地方赶来求见老子。他对老子说："我听说夫子是圣人。因此我从老远的地方赶来见你，旅途超过一百天，脚后跟磨出厚厚的茧都不敢停下来休息。现在我看先生并不是圣人。老鼠生活的地方都有剩菜，而妹妹却被抛弃不养，这是不仁；生的熟的食物堆积在面前，和山一样高，这是贪财。"老子听了，十分冷淡，不作回答。

第二天，士成绮再去见老子说："昨天我讽刺了你，今天我已经有所觉悟，但我不能明白地说出我所觉悟到的道理，这是为什么呢？"

老子说："我现在早已不是巧智神圣之人。先前你说我是牛，我就是牛；你说我是马，我也就是马。假如确如你所说，别人给你名称却不接受，只会再次遭殃。我的所作所为一向如此，并不是为了故意要给人看才去做很多事情。"

人生哲理

　　别人怎样评价自己都无所谓，都不必放在心上，因为那只是外在的东西，根本改变不了你什么。记住：只有心如止水，才会荣辱皆忘，才会摒弃情绪的干扰。

希尔顿饭店

希尔顿年幼时遇到美国历史上最严重的经济大恐慌，无奈之下，他只好四处流浪，靠着乞讨为生。

一次，希尔顿流浪到一个城市，连着几个晚上，都躲在一间大饭店门廊的阴暗角落里过夜。一天半夜，希尔顿在睡梦中被饭店的门童抬了起来，丢到距离饭店10米外的雪地上。从睡梦中惊醒的希尔顿正要发怒，几个门童说道："明天一大早，我们饭店的集团老板要来视察工作，所以不能让你再待在这里了。"

希尔顿十分愤怒，他咬着牙，握紧拳头说："等着瞧，总有一天我一定要开一家比你们饭店更大、更豪华的酒店，记住我现在所说的话！"

从此之后，希尔顿不断地努力工作，存下他所赚得的每一分钱，终于创立了第一家"希尔顿大饭店"，并很快发展成为全世界最大的饭店集团——希尔顿饭店集团。

人生哲理

不要去报复自己所受到的屈辱，而应当把屈辱看成自己前进的动力。用屈辱来激励自己，带着具有潜力的愤怒同样也可以开创自己伟大的事业。

造就卡耐基的一句话

卡耐基小时候是一个公认的、非常淘气的坏男孩。在他9岁的时候，父亲把继母娶进家门。当时他们是居住在弗吉尼亚州乡下的贫苦人家，而继母则来自较好的家庭。他父亲一边向她介绍卡耐基，一边说："亲爱的，希望你注意这个全县最坏的男孩，他可让我头疼死了，说不定他会在明天早晨以前就拿石头扔向你，或者做出别的什么坏事，总之让你防不胜防。"出乎卡耐基意料的是，继母微笑着走到他面前，托起他的头看着他，接着又看着丈夫说："你错了，他不是全县最坏的男孩，而是最聪明但还没有找到发泄热忱地方的男孩。"继母的话说得卡耐基心里热乎乎的，眼泪几乎滚落下来。就凭着这一句话，他和继母开始建立友谊。也就是这一句话，成为激励他的一种动力，使他日后创造了成功的黄金法则，帮助千千万万的普通人走上成功的光明大道。

人生哲理

最残酷的伤害莫过于对自信心的伤害。不论你的孩子现在是多么的"差"，你都要多加鼓励，最大限度地给他能支撑起人生信念的风帆，给予他信任和赞美。

李离自叛死罪

春秋时期晋文公的法官李离因为听信了别人的谣言而错杀无辜。他为自己不能明辨是非而感到深深的内疚，于是，他就叫人把自己捆起来，亲自向晋文公请罪。

李离见到晋文公说："臣身为执法官，一直以来深受国家的恩惠，如今却令无辜者被误判致死，实在是罪无可恕，请您依照法律判我死刑。"

晋文公知道他素来秉公执法，又怜惜他才华出众，所以为他开脱说："职位有贵贱之分，刑罚有轻重之别，这个案子之所以误判，主要是你下属的过错，罪不在于你。"李离却严肃

地说："臣所处的职位高，并没有让位给下属；享受的俸禄多，并没有分钱给下属；如今错听他人之言而杀了人，却将罪过附加在下属身上，这种事情是闻所未闻的。"

他再次请求晋文公判处他死刑。晋文公灵机一动说："你自以为有罪，我是你的上级，那么我岂不是也有罪吗？"

但是李离却义正词严地答道："国有国法，依据我国法律规定，误判刑罚，执法者就要受到相应的刑罚。我误判导致无辜者受了死刑，那么依法也要将我处以死刑！不这样依法行刑，法律的尊严何在！"李离见晋文公还要拦阻，就拔剑自刎而死。

人生哲理

只有严于律己，宽以待人，才是道德上的进步与完善。所以，行为有了过错、与他人发生了冲突，首先应该反省自己，绝不能文过饰非或推脱责任。

天堂和地狱

从前有位僧侣，讲道的题目一直是"天堂与地狱"。他的弟子每日听到这些内容，都感到很厌倦。有一天，这位僧侣又开始讲道，座下弟子都听得昏昏沉沉。这时，其中一位皈依者站了起来，说："你每天都在讲这些内容，看来你已经很明白了，那么你告诉我天堂和地狱在哪里？假如你不能回答我，你就是说谎。"

这位僧侣保持缄默，未作回答。这时座下其他的听教者也希望他能说出这个问题的答案，他的沉默使得那位皈依者更为生气，他站起来，大踏步地走向这位僧侣，大叫着："告诉我，快点，我每天都听这样的内容，却不知道你说的到底是什么意思，你最好今天让我明白，否则我就揍你一顿！"

只听这位僧侣回答说："地狱就在你身边，而且带着你的愤怒。"那位皈依者了解到真相之后冷静下来，开始笑了起来。然后，他问道："那么，天堂在哪里？"僧侣回答说："它就在你周遭，和你的笑容同在。"

人生哲理

天堂和地狱之别，在于我们如何生活。平凡而快乐的生活，这就是我们希望的天堂中的生活；同样，如果人的心灵深处埋藏着不满和愤怒，他就仿佛生活在地狱里。人的幸福由自己的心态决定。

帕瓦罗蒂走出迷茫

意大利世界超级男高音歌唱家卢卡诺·帕瓦罗蒂曾经有过迷茫的一段时间，在他即将从一所师范学院毕业时，他陷入了苦苦的沉思：毕业后是选择做一名平凡的教师，还是从事自己喜爱的歌唱事业？能否二者兼顾？

这确实是个难题，帕瓦罗蒂在大学里学的专业是教育，但他觉得自己更加喜欢唱歌。到底该做什么呢？在思想斗争毫无结果之后，他只得请教自己做面包师的父亲。

父亲沉思了片刻之后，对儿子说："孩子，如果你想同时坐在两把椅子上的话，那你也许会从椅子间的空隙里掉到地上。生活要求你只能选一把椅子坐上去。"

帕瓦罗蒂听了父亲的话，终于下定了决心，从此在歌唱艺术的道路上艰难而不屈地跋涉着，直到成为一个光芒四射的世界名人。

人生哲理

如果你想同时坐在两把椅子上，你可能会从两把椅子中间掉下去。生活要求你必须要有选择地坐到一把椅子上去。不要想占尽所有美好的事物，否则你将什么都得不到，只有专心于一件事情，才能把事情做到最好。

原一平和老和尚

日本保险业泰斗原一平在 27 岁时进入日本明治保险公司开始推销生涯。当时，他穷得连中餐都吃不起，常常露宿公园。

有一天，他向一位老和尚推销保险，等他详细地说明之后，老和尚平静地说："你的介绍，丝毫引不起我投保的意愿。"

老和尚注视原一平良久，接着又说："人与人之间，像这样相对而坐的时候，一定要具备一种强烈吸引对方的魅力，如果你做不到这一点，将来就没什么前途可言了。"

原一平哑口无言，冷汗直流。

老和尚又说："年轻人，先努力改造自己吧！"

"改造自己？"

"是的，要改造自己首先必须认识自己，你知不知道自己是一个什么样的人呢？"老和尚又说："你在替别人考虑保险之前，必须先审视自己，认识自己。"

人生哲理

"审视自己，认识自己"，只有正视自己，毫无保留地彻底反省，然后才能认识自己，改造自己，然后才能修成正果。

三人行，必有我师

孔子周游列国的时候，很多人都追随着孔子，想拜孔子为师。鲁国有个叫叔山无趾的人，他因为违犯了法律而被砍掉了一只脚，他很想见到孔子并拜孔子为师。

他见到孔子以后，孔子说："你做事不谨慎，已经因为犯罪而被砍掉了一只脚，即使你现在找到了我也补救不了，有什么用呢？"

叔山无趾回答说："我只是因为不明白事理，所以才会失去脚。现在我找到你，是因为还有比脚更为尊贵的东西存在，我要保全它。天没有不覆盖的地方，万物都被地所承载，我本来把夫子当成天地，没有想到夫子您是这样的态度！"

孔子听后，非常惭愧地对叔山无趾说："我孔丘实在浅薄，先生怎么不坐下来呢？请您把您知道的道理都讲出来，我会非常认真地听。"但是叔山无趾没有理会孔子就走了。

孔子就对弟子们说："我今天竟然犯了这样大的过错，怎么能够根据别人以前的善恶来判断别人呢？像叔山无趾这样因为过错而断了一只脚的人，都还努力求学以弥补以前的错误.何况是没有过错的人呢！"

我们一定要记住，即使只有三个人在一起走路，他们中间也一定有人可以做我们的老师。

人生哲理

人的地位高低，不是由财富决定的，而是由他的道德水平和学问水平决定的。要提高自己就需要不断地学习，就要奉行"三人行必有我师"的原则。

害人害己

从前有一个人，家里很富有，一日，听说镇上有一个美丽的女子，就花了大钱把她娶了回来，高兴得不得了。

婚后终日端详，慢慢地他觉得妻子的面貌的确很美丽，不过鼻子生得有些歪，不好看。于是整日苦恼，不知该怎么办。

后来这个人在外面又遇见一个女人，她容貌很美丽，鼻子更是端正可爱，因此，他心里偷偷地打主意说："如果我把这个女人的鼻子割下来，装到我的妻子脸上去，那不是很好吗？"他果然就去割下了那个女人的鼻子，拿着急急忙忙跑回家去，一进门，就对他的妻子说："快来快来，我给你换一个好鼻子！"

还没等他的妻子反应过来，就把她的鼻子也割下来了。

他拿出那个早已准备好的美丽鼻子，要替她装上，但是无论怎样，终究还是装不上去。这样，他既割了别的女人的鼻子，又失去了自己妻子的鼻子，没有得到好处，却损害了两个女人。

人生哲理

忽视自然规律，为所欲为，结果只能是害人害己。

韩信甘受胯下之辱

韩信很小的时候就失去了父母，生活困苦，并且屡屡遭到周围人的歧视和冷遇。一次，一群恶少当众羞辱韩信。有一个屠夫对韩信说："你虽然长得又高又大，喜欢带刀佩剑，其实你胆子小得很。有本事的话，你敢用你的佩剑来刺我吗？如果不敢，就从我的裤裆下钻过去。"韩信自知形单影只，硬拼肯定吃亏。于是，当着许多围观人的面，从那个屠夫的裤裆下钻了过去，史书上称"胯下之辱"。试想，如果韩信当初不吃这个眼前亏，被打成了个残废，又哪有后来叱咤风云的大将韩信呢？

人生哲理

留得青山在，不怕没柴烧。好汉要吃眼前亏，吃眼前亏，就可以换得长远目标的实现。所以，在危机面前保持理智，不逞一时之勇，能屈能伸方是大丈夫。

勇敢的母亲

一个年轻的母亲下楼去买菜，把5岁的孩子独自留在15层的家里。当她买菜回来，路过自家楼下时，看见一个小小的身影正从楼上坠落。那件鲜亮的黄色小上衣让她触目惊心。母亲一下子明白，那是她的孩子！母亲飞一般地冲向那个迅速下落的小小身影，这时，奇迹发生了，目击者谁也不敢相信自己的眼睛：她扑倒在地上，稳稳地接住了孩子！孩子得救了。

为此事，日本研究者曾做过数次试验，请几名短跑运动员再现当时的情况，但无一人能够成功接住落体。

人生哲理

一位平凡的母亲，却创造了即使是专业的运动员也不能创造的奇迹。这个真实的故事说明人的潜能是无穷的。

林肯的故事

　　林肯在一封给朋友的信中讲述了自己幼年的一个经历：我父亲在西雅图有一处农场，地里有许多石头。正因为如此，父亲才以较低的价格买下了它。有一天，母亲建议把石头搬走。父亲说，如果可以搬走的话，主人就不会把农场卖给我们了。它们是一座座小山，都与大山连着。有一天，父亲去城里买马，母亲带我在农场劳动。母亲说，我们把这些碍事的东西搬走好吗？于是我们开始挖那一块块石头。不长时间，就把它们搬走了，因为它们并不是父亲想象的山头，而是一块块孤零零的石块，只要往下深挖一点，就可以将它们晃动。

人生哲理枕边书　每天读一个人生哲理

林肯在信的末尾说，有些事情人们之所以不去做，只是他们认为不可能。而许多不可能，只存在于人的想象之中。

人生哲理

成功，5%靠决策，95%靠行动。当今世界上最成功的潜能开发专家安东尼·罗宾说："因为我恐惧，所以我必须立刻行动朝着想要的方向奔跑！"可见，事情只要行动就有可能。

砍树取果

从前有一个国王，喜欢种树，在他的园中各种奇木林立，园子中央种有一棵国王最喜欢的奇树,此树高大茂盛,挺拔屹立，宛如林中之王。

国王对它如此喜爱，还有一个重要的原因是：这棵树能够结出一种奇妙神秘的果子，这果子香而甜美，沁人心脾，有延年益寿的功用，别处再也没有。

有一天，来了一个外国的尊贵客人，国王兴致勃勃地领他去园子看树。大大小小，形态各异的树让这个客人大开眼界。最后来到园子中央，望着那棵参天大树，国王对他的客人说："这是我最喜欢的一棵树，这棵树能生出一种果子，甜美无比，可以说是世上绝无仅有的。"

那外国的客人接着问道："既然有这样的好果子，能不能给我尝几颗呢？"国王听了，就叫人来把这树砍倒，希望能得

到果子，可是因为季节不对，国王一颗果子也没有得到。后来国王又叫人把砍倒的树再种植起来，然而想尽办法，却终不能把已断了的茎和根接起来。这棵树就从此枯死，当然不能再生果子了。

| 人生哲理

砍树求果的做法实在可笑，连根都枯了，哪里还会有果呢？

机智的赫鲁晓夫

赫鲁晓夫上台后，在一次党代会上批判斯大林的错误。这时，从听众席上递来一张条子。赫鲁晓夫打开一看，上面写着："那时候你在哪里？"这是一个非常尖锐的问题，赫鲁晓夫的脸上很难看，他很难作出回答。但他又无法隐瞒这个条子，台下成千双眼睛已盯着他手里的那张纸，等着他念出来。

赫鲁晓夫沉思了片刻，拿起条子，大声念了一遍条子的内容。然后望着台下，大声喊道："谁写的这张条子，请你马上站起来，走上台来。"

没有人站起来，所有的人心怦怦地跳，不知赫鲁晓夫要干什么，不知道等待写条子人的会是什么惩罚。

赫鲁晓夫又重复了一遍他的话。全场仍死一般的沉寂，大家都等着赫鲁晓夫的爆发。几分钟过去了。赫鲁晓夫平静地说："好吧，我告诉你，我当时就坐在你现在的那个地方。"

赫鲁晓夫就这样用他的机智地为自己解了围，同时也让人理解了他当时的处境。

人生哲理

　　巧妙地圆场，是化解危机的有效手段。多加练习，窘境也许就是你展示机智和幽默的舞台。

白居易参学

　　白居易和鸟窠禅师关系很好，经常到他的寺院中拜访和参学。但是，他有时候会不满意禅师的看法，或者会提出一些难回答的问题。

　　有一段时间，他的生活过得很不顺心，受到异党的排挤和皇帝的斥责。于是，就去向鸟窠禅师请教修行之法，请教怎样才能找到解脱烦恼的道。他见了鸟窠禅师，问："修道就能解脱人生的烦恼和痛苦，那么，一天之中，怎样修行算是和道完全符合呢？"

"这个很是容易，你只要一件坏事不做，有任何做善事的机会都去把握就行了。"白居易一听，觉得这样很容易，就说："这连三岁童子都知道呀！"鸟窠禅师哈哈大笑，然后说道："三岁童子能做到，但是大人却很少有人能做到呀！"

人生哲理

道理就是这样，领悟起来很难，但是如果真的领悟了，一切就变得简单起来。就像故事中说的那样，人人都知道应该做好事，这样就没有人生的烦恼和生命的危险了，但是很少有人能做到。所以，我们只有按照最简单、最直接的道理来做事，才能消除生命中的烦恼和危险。

关心则乱

有一个人特别喜欢收藏古玩玉器，几乎每天，他都沉醉在精致典雅的古玩玉器中。他还经常去古玩市场转一转。这一天，他特别高兴，见到家中的每一个仆人都赏赐点银两，因为他得到了一个汉代的玉器，晶莹剔透，甚是珍贵。他几乎每天都会将它拿出来看一下，赏玩一番。

一天，当他正在赏玩那件玉器时，一个好久不见的战友来拜访他，他只好将玉器收起来。可是玉器却不慎从手中滑落。他急忙向地上一扑，总算没有让玉器摔碎，却摔伤了腿。在养病期间，他越想越懊恼：自己戎马半生，在千军万马中都不曾眨一下眼睛，何以要为一个玉器惊吓成这个样子呢？想着想着，他突然发现了问题所在：原来正是因为自己太在意它才乱了方寸。

人生哲理

> 有了得失之心，自然就会有喜怒哀乐，烦恼执着。正所谓：关心则乱。如果能保持"若无闲事挂心头"的状态，就再也不会为身外之物困扰了。

洛依德和女工

电影演员洛依德将车开到检修站，一个女工接待了他。女工熟练灵巧的双手和秀美的容貌一下子吸引了他。洛依德相信，整个巴黎都认识他，但这位姑娘却丝毫不表示惊慌和兴奋。他禁不住问那位姑娘："您喜欢看电影吗？""当然喜欢，我是个影迷。"姑娘头也没回地答道。"您可以开走了，先生。"她手脚麻利，不大一会儿就修好了车。洛依德却有点依依不舍："小姐，您可以陪我去兜兜风吗？"

"不！我还有工作。"姑娘非常认真。

洛依德坚持："这同样也是您的工作，您修的车，最好亲自检查一下。"

"好吧，是您开还是我开？"姑娘问道。

"当然我开，是我邀请您的嘛。"洛依德有点沾沾自喜。

车行驶了一段距离，姑娘说道："看来没有什么问题，请让我下车好吗？"

"怎么，您不想再陪陪我了吗？我再问您一遍，您喜欢看电影吗？"

"我回答过了，喜欢，而且是个影迷。"姑娘耐着性子回答。

"您不认识我？"洛依德笑着问她。

"怎么不认识，您一来我就认出您是当代影帝阿列克斯·洛依德。"

"既然如此，您为何这样冷淡？"洛依德有点不解。

"不！您错了，我没有冷淡，只是没有像别的女孩子那样狂热。您有您的成就，我有我的工作。您来修车是我的顾客，如果您不再是演员了，再来修车，我也会一样地接待您。人与人之间不应该是这样吗？"

洛依德沉默了。在这个普通女工面前他感到自己的浅薄与虚妄。

人生哲理

高傲是在自视比他人优越的谬误中产生的优越感。既然如此，就不要骄傲自大或者妄自菲薄了，因为，这两种态度都是对自己的生活与价值的忽视。

肯原谅人的乔治·罗拉

乔治·罗拉在二战期间逃到瑞典，当时他很需要找份工作，他能说能写好几国语言，所以他希望到一家进出口公司谋一份秘书工作。但由于战乱，绝大多数公司都回信告诉他，不需要这一类人才，不过他们会把他的名字存在档案里。唯有一家公司给乔治·罗拉的回信中写道："你对我生意的了解完全错误，你既蠢又笨，我根本不需要任何替我写信的秘书。即使我需要，也不会请你，因为你甚至连瑞典文也写不好，信里全是错误。"

当乔治·罗拉看到这封信时，气得也写了一封回信，目的是想使那个人大发脾气，但当他要装入信封里时他就停下来对自己说："我怎么知道人家说的不对呢？我虽然学习过瑞典文，可并不精通，也许我确实犯了很多我并不知道的错误。如果是这样的话，那么我想得到一份工作，必须再努力学习。这个人可能帮了我一个大忙，虽然他本意并非如此。他用这种难听的话来表达他的意见，也并不是他的错啊，所以我倒应该写封信给他，在信里感谢他一番。"

想到这儿，乔治·罗拉撕掉了他已经写好的那封骂人的信，另外写了一封表示感谢的信。过了几天，乔治·罗拉又收到了那个人的回信，他邀请罗拉去他们那里看看。罗拉去了，而且得到了一份向往已久的工作。

乔治·罗拉由此发现，原谅伤害自己的人也会避免自己受到更深的伤害，或许还能得到别人的帮助，助你走上成功。

人生哲理

只有勇敢的人才懂得如何宽容，懦夫绝不会宽容，这不是他的本性。一时的冲动可能会造成令你后悔终生的结果，用超然大度的心去原谅别人的过错，得到的会是幸福与快乐。

倒空你的杯子

很多年前，有一个文士自认为多才，有无上智慧。每当他听有人说某某禅师如何如何，常常都是一脸的不屑。因为他认为这些人不过是一群和尚，能有什么过人之处。后来，听人说的多了，他就决定去拜访一下禅师。

他决定去拜访著名的南隐禅师。听说文士来拜访，南隐禅师就准备了上好的茶叶招待他。二人客套完毕，面对面坐了下来。文士首先说话，请教禅法。南隐禅师却说道："敝寺零乱，

无以相敬，略备了点茶叶，还请先生先品评一下吧。"说着就
起身倒茶水。不一会儿，茶杯里的水已经满了，南隐禅师却一
点停下来的意思都没有。文士就大声说："茶杯都已经满了，
请不要倒了！"

这时，南隐禅师停下来，然后指着文士说道："你就像这
个茶杯一样，装满了自己的看法和想法，装满了自己的成见。
你要谈禅，就得首先将自己的杯子倒空，去除心中的成见和杂
七杂八的想法。否则，我如何向你说禅？"

文士听后惭愧不已。

人生哲理

　　人有了成见，就有了所执，就不那么灵通和透彻了。成见
其实是一种常见的事情，我们要想接受新的事物和公正地看待
一些事情，就要去除自己的成见。

偷的哲学

石屋禅师决定外出云游，感受大自然的清风白云，体会世间的人生百态。在路上，他遇见了一个陌生人，就结伴同行，还同住在了一个旅馆的房间。到了半夜，石屋禅师听到翻东西的声音，就问："天亮了吗？"回答："没有。"

石屋禅师心中大疑，就问："你到底是什么人，在干什么？"

回答："小偷，在偷东西。"

石屋禅师说："是这样。你偷多少次了？"

回答："数不清。"

禅师问："每偷一次，你会快乐多长时间？"

回答："看偷的东西的价值，少则一两天，多则七八天。所以，我一直都在偷。"

石屋禅师接着说："原来只是一个小贼。为什么不做一次

人生哲理枕边书 每天读一个人生哲理

大的呢？"小偷呵呵一笑，问："和尚也偷，偷过多少次？"
禅师说："只一次，但我一生都受用不尽。"小偷羡慕不已，
就跳到床前，问禅师："在哪里偷来的？能教我吗？"石屋禅
师就从床上站了起来，按住小偷心脏的位置，大声说："这个
你懂吗？这里就有无穷无尽的宝藏，你把一生都放在这里，你
终生就会受用不尽。你明白吗？"小偷似懂不懂地听着，后来，
就跟随禅师参禅了。

人生哲理

　　小偷是向外求索的典型，所以尽管他也能获得短暂的快乐，
但是很快又要陷入烦恼中。禅师是向内心求索的典型，他有一
份平常心，所以他的一生都会开心和快乐。

仁者乐山，智者乐水

　　孔子对他的学生们说："聪明的人喜爱水，有仁德的人喜
爱山。聪明的人性格就像水一样活泼，有仁德的人就像山一样
安静。聪明的人生活快乐，有仁德的人会长寿。"

　　子贡便问孔子说："为什么仁人乐于见到山呢？"

　　孔子说："山，它高大巍峨，为什么山高大巍峨仁者就乐
于见到它呢？这是因为山上草木茂密，鸟兽群集，人们生产生
活所用的一切东西山上都出产，并且取之不尽用之不竭。山出
产了许多对人们有益的东西，可它自己并不从人们那里索取任

何东西，四面八方的人来到山上取其所需，山都慷慨给予，没有厚此薄彼。山还兴风雷做云雨以贯通天地，使阴阳二气调和，降下甘霖以惠泽万物，万物因之得以生长，人民因之得以饱暖。这就是仁人之所以乐于见到山的原因啊。"

子贡接着问道："为什么智者乐于见到水呢？"

孔子回答说："水，它普有一切生命的物体而出乎自然，就像是人的美德；它流向低处，蜿蜒曲折却有一定的方向，就像正义一样；它汹涌澎湃没有止境，就像人的德行。假如人们开掘堤坝使其流淌，它就会一泻千里，即使它跌赴万丈深的山谷，它也毫不畏惧，就像人勇敢无所畏惧。它柔弱，却又无所不达。万物出入于它，而变得新鲜洁净，就像善于教化一样。这不就是智者的品格吗？"

人生哲理

"仁者乐山，智者乐水"，仁者像山一样稳健和沉稳，智者如水一样灵活而充满灵气，这是儒家追求的理想的人生境界。

守财奴的悔悟

有一个守财奴，他一生吝啬节俭，积攒了 100 万元。

有一天死神突然降临，要夺去他的生命。守财奴这才意识到自己没有好好享受人生，他对死神说："我把我财富的三分之一给你，你卖给我一年活着的时间吧。"死神冷冷地对他说："这是绝对不可能的。"守财奴以为死神嫌钱少："那我把 50 万给你。"死神的口气不容商量："不行。"

守财奴急了："那我把全部财产都给你好了！"他甚至是在恳求了。死神依旧说不行，守财奴提出了最后一个请求："那请给我一分钟的时间吧，我要写份遗嘱。"

守财奴用颤抖的双手艰难地写下一行字："请记住，你所有的财富买不到一天时间。"

人生哲理

> 金钱可以储蓄，而时间不能储蓄。金钱可以从别人那里借，而时间不能借。人生这个银行里还剩下多少时间也无从知道。因此，时间更重要。真正富有的人是用时间衡量价值所在，而不是用金钱衡量，当你认识到时间的宝贵和时间也有价格时，你将变得更富有。

老木匠的房子

有个老木匠准备退休。老板问他是否可以帮忙再建一座房子，老木匠答应了。但老木匠的心已不在工作上，用料就不那么严格，做出的活也全无往日的水准了。总之，敬业精神已不复存在。

老板没有说什么，只是在房子建好后，把钥匙交给了老木匠。

"这是你的房子，"老板说，"我送给你的礼物。"

老木匠一生盖了多少好房子，最后却为自己建了这样一座粗制滥造的房子。

人生哲理

对于每一个人来说，生活的建造者就是自己。所以，不管任何时候，不管是在给谁做事，都要本着精益求精的态度去做，否则会像这个老木匠一样，不知不觉中为自己建造了一座自己都不满意的房子。

霍桑的妻子

　　美国大文豪霍桑成名之前是个海关的小职员。有一天，他垂头丧气地回到家，一声不吭，妻子问他怎么了，他对妻子说自己被炒鱿鱼了，霍桑以为妻子一定也会和他一样情绪低落。谁知，妻子苏菲亚听了不但没有不满的表情，反而兴奋地对他说："真是太好了，这样你就可以专心写书了。"

　　"可是，我光写书不干活，我们靠什么生活呢？"霍桑一脸苦笑地问道。苏菲亚打开抽屉，拿出一沓为数不少的钞票，笑着向霍桑扬了扬。"这钱从哪里来的？"霍桑张大了嘴，吃惊地问。

　　苏菲亚笑着说："我一直相信你有写作的才华，我相信有一天你会写出一部名著，所以每个星期我都把家庭费用省一点下来，现在这些钱够我们生活一年了。"

　　有了妻子在精神与经济上的支持，霍桑完成了美国文学史上的巨著《红字》。

人生哲理

　　家庭是成功的基石。俗话说，一个成功男人的背后都会有一个支持他的女人。在所谓的精神领域中，真正的爱情能不断产生奇迹。

以退为进

有一户人家非常好客。一天，来了一位久未谋面的老友，主人喜出望外，亲自下厨房烹煮，突然发现酱油没了，赶忙找来小儿子说："儿子！酱油用完了。现在你用最快的速度去商店打一瓶酱油，我锅里的肉等着用呢，快去快回。"

"爸爸，你放心！一切包在我身上。"小儿子拍拍胸脯走了。

20分钟过去了，儿子还没有回来。他想，也许是杂货店的老板生意忙不过来？再耐心等一等。但是一小时、两小时过去了，儿子还是杳无踪影，客人等得饥肠辘辘，主人急得如同热锅上的蚂蚁，猜想儿子也许在路上出了意外。

主人终于按捺不住，夺门而出去寻找儿子。他焦急地朝街口奔跑而去，找了一遍没有，从另一条路返回，却突然发现儿子正站在一座桥的中央，和另外一个孩子青眼对白眼，彼此对峙着，谁也不让谁，儿子的手中正拎着一瓶酱油。

"儿子，还愣在这里做什么？我等你的酱油下锅，你却在这儿玩耍！"

"爸爸，我买好了酱油，正要赶回家，没想到在桥上碰到了这个人，挡住了我的去路，说什么也不让我过桥。"儿子理直气壮地说。

这位主人听完：说"喂！你这个小孩子，怎么如此不讲理，挡住别人的过道，赶快让开！"

"不知道是谁挡住了谁的道路!"那个小孩子毫不示弱地抢白道。气急败坏的主人指着小孩大骂:"你这个小东西,一点也不知道敬老尊贤、礼貌谦让。儿子!酱油你先带回去,让爸爸在桥上和他站着。"

> **人生哲理**
>
> 退一步海阔天空。能够以退为进,才是真正的向前。

一个半朋友

从前有一个仗义的广交天下豪杰的武夫。他临终前对儿子说:"别看我自小在江湖闯荡,结交的人如过江之鲫,其实我这一生就交了一个半朋友。"

儿子纳闷不已。他的父亲就贴近他的耳朵交代一番,然后对他说:"你按我说的去见见我的这一个半朋友,朋友的要义你自然就会懂得。"

儿子先去了他父亲认定的"一个朋友"那里,对他说:"我是某某的儿子,现在正被朝廷追杀,情急之下投身你处,希望予以搭救!"这人一听,容不得思索,赶忙叫来自己的儿子,喝令儿子速速将衣服换下,穿在了眼前这个并不相识的"朝廷要犯"身上,而自己儿子却穿上了"朝廷要犯"的衣服。

儿子明白了:在你生死攸关的时刻,那个能与你肝胆相照,

甚至不惜割舍自己亲生骨肉来搭救你的人，可以称作你的一个朋友。

儿子又去了他父亲说的"半个朋友"那里，抱拳相求，把同样的话说了一遍。这"半个朋友"听了，对眼前这个求救的"朝廷要犯"说："孩子，这等大事我可救不了你，我这里给你足够的盘缠，你远走高飞快快逃命，我保证不会告发你。"

儿子明白了：在你患难的时刻，那个能够保全自身、略尽绵力、不落井下石加害你的人，可称作你的半个朋友。

人生哲理

你可以广交朋友，对朋友以诚相待，但绝不可以苛求朋友给你同样回报。如果苛求回报，快乐就会大打折扣，同时失望也就隐伏其中了。

四种马，四种人

　　一位哲人说过："世界上有四种马：第一种是良马，当主人一扬起鞭子，它一见到鞭影，便知道主人的心意，迅速缓急，前进后退，都能够揣度得恰到好处，不差毫厘。这是能够明察秋毫的第一等良马。"

　　"第二种是好马，它看到鞭影，不能马上警觉。但是等鞭子扫到了马尾的毛端时，它也能知道主人的意思，奔驰飞跃，也算得上是反应灵敏、矫健善走的好马。"

　　"第三种是庸马，甚至皮鞭如雨点地抽打在皮毛上，它都无动于衷，反应迟钝。等到主人动了怒气，鞭棍交加打在它的肉躯上，它才能开始察觉，顺着主人的命令奔跑，这是后知后觉的庸马。"

　　"第四种是驽马，鞭棍抽打在皮肉上，它仍毫无知觉，直至主人盛怒至极，双腿夹紧马鞍两侧的铁锥，霎时痛刺骨髓，皮肉溃烂，它才如梦方醒，放足狂奔，这是愚劣无知、冥顽不灵的驽马。"

　　这四种马好比四种人。第一种人听闻世间有无常变异的现象，生命有陨落生灭的情境，便能悚然警惕，奋起精进，努力创造崭新的生命。好比第一等良马。

　　第二种人看到世间的花开花落，月圆月缺，看到生命的起起落落，无常侵逼，也能及时鞭策自己，不敢懈怠。好比第二等好马。

第三种人看到自己的亲族好友经历死亡的煎熬,肉身坏灭,看到颠沛困顿的人生,目睹骨肉离别的痛苦,才开始忧怖惊惧,善待生命。好比第三等庸马。

而第四种人当自己病魔侵身,四大离散,如风前残烛的时候,才悔恨当初没有及时努力,在世上空走了一回。好比第四等驽马,受到彻骨彻髓的剧痛,才知道奔跑。然而,一切都为时过晚了。

人生哲理

优秀的人应该当自我激励,自我奋进,而不是等待别人的督促,懂得居安思危。

可悲的误会

美国的阿拉斯加有一个年轻人,他的太太因难产而死,留下一个孩子。从此他就陷入了忙乱之中,忙家务,忙带孩子。无奈,他只好训练了一只狗,帮助他照顾孩子。这条狗很聪明,把孩子照看得很好,甚至能咬着奶瓶喂奶给孩子喝。一天,主人外出,因遇大雪,当日未能赶回。当他第二天回家时,却发现到处是血,抬头一望,床上也是血,孩子不见了,狗在床边,满口是血。主人看到这种情形,以为这只狗狗性发作,把孩子吃掉了。大怒之下,拿起刀就把狗杀死了。

突然,他听到孩子的声音,又见孩子从床下爬了出来。他抱起孩子，虽然身上有血，但并未受伤。他很奇怪，不知究竟是怎么一回事。再看看狗，腿上的肉没有了，旁边有一只狼的尸体，口里还咬着狗的肉。原来，狗救了小主人，却被主人误杀。

人生哲理

　　这真是一个可悲的误会！误会是人在不了解、不理智、无耐心、缺少思考、感情极度冲动的情况下发生的。所以，误会一旦发生，后果是难以想象的。

立木取信

　　商鞅颁布新法时，为了取信于民，他在都城南门外立了一根三丈木杆，并张贴布告："谁能把木杆搬到北门，赏金十两。"

　　老百姓看了布告都不敢相信，不知商鞅葫芦里卖的什么药，谁也不动。商鞅又下令："把木杆搬到北门者，赏金五十两。"

　　这回有人动心了，真的把木杆从南门搬到了北门。商鞅当众赏了这人五十两，得到了老百姓的信任。商鞅此举意在昭示新法的严肃性，使得百姓不敢怠慢新法。

人生哲理

　　言不在多，但必须守信。守信是事业成功的重要因素，它不仅能关系到人际关系，还关系到治国、治军的大事。

谦逊戒盈

　　孔子去周室宗庙参观的时候，看见一个非常奇巧的器皿。孔子便询问守护宗庙的人说："这是什么器皿呢？"

　　守护宗庙的人回答说："这是放在君主座位右边，让君主自警的一种器皿。"

　　孔子说："真是幸运啊！我能看见这个器皿。"

　　看到老师感叹的神情，学生们都大惑不解，孔子就回头对弟子们说："往里面注水。"他的弟子就舀来水，开始往里面灌，灌到一半之后，器皿还能保持端正。但是灌满了之后，器皿便倒了，里面滴水无存。

　　孔子便喟然叹息说："唉，这就是盈满的人的下场吧！"

　　子贡在旁边问道："老师，给我讲讲盈满的道理吧。"

　　孔子说："太多了它就减少。"

　　子贡又问："那么什么是太多了就减少呢？"

　　夫子回答说："物品繁盛到了极点就会衰亡，高兴到了极点就会有悲伤的事情发生，太阳到了中午的时候就会往下移，月亮圆了之后就会开始缺损。因此，头脑聪明的，要用示笨的方法来保持；功盖天下，要用退让来保持；勇力出众，要用怯惧来保持；富有四海，要用谦逊来保持。这就是所谓的自退自损的办法。"

人生哲理

"满招损，谦受益"，谦逊不仅能体现对他人的尊重和重视，还能促进自身的充实与完善，有利于建立和谐的人际关系。

两只老虎

一只笼养老虎和一只野生老虎相遇了，攀谈之后，两虎都了解了对方的生活情况。

听笼养老虎说它从来不用自己捕食，主人总能给它提供新鲜的肉类时，野生老虎羡慕极了："老兄，你真是太安逸了，用不着挨饿，也用不着打斗。你看看我这一身伤，在森林里生活真是不容易啊，什么时候我才能过上你那样的生活啊。"听到这里，笼养老虎立刻摇了摇头："你羡慕我？我还羡慕你呢，你是多么自由自在啊。我虽然衣食无忧，却不能像你那样想去哪里就去哪里。唉，什么时候我才能过上你那样的生活啊。"野生老虎一听，心想正合我意，所以随口说道："既然我们都向往对方的生活，不如换一换活法，我进你的笼子，你去我的大森林，怎么样？"

笼养老虎听到这个建议，顿时喜出望外。两虎一拍即合，笼养老虎一路欢腾地跑进了大森林，而野生老虎则得意地钻进了笼子。

但是没过多久，两只老虎都死了，一只是因为饥饿，一只是因为忧郁。笼养老虎虽然获得了自由，却苦于没有捕食的本领；野生老虎过上了梦想中的安逸日子，却失去了享受大自然的机会。

人生哲理

倘若在羡慕他人的幸福中迷失方向，你就会对自己所拥有的幸福熟视无睹。别人的天堂也许并不适合你，甚至有可能是你的地狱。

修士想要的礼物

有一个修士，一心要修成正果，进入天国，于是便在森林深处，苦苦地修行。一位拾柴的姑娘经常为他带来果子，盛来清水，但他依然心无旁骛地肃穆端坐。终于有一天，姑娘感到绝望了，流着泪离开了他。修士继续着他的修行。多少年过去了，修士功德圆满了，走进了天堂之门。众神因为他多年的独自苦修，答应满足他一个心愿，就问修士想要什么。修士不假思索地说："我想要那个拾柴的姑娘。"

人生哲理

"宁向直中取，不向曲中求"，为什么这个修士就不懂这个道理呢？辛辛苦苦地追寻，直到最后才发现自己想要的原来早可以拥有，岂不是白白浪费了大好光阴。

及早剃度

慈镇禅师是日本著名的禅师，很多人出家都选择投在他的门下。这天下午，一个9岁的小孩子来到他的寺院要剃度出家。慈镇禅师问："你这么年幼，为什么要出家呀？"

"尽管我只有9岁，但是父母早已双亡。我不知道人为什么会死亡，为什么我这么小就和父母永远分离了。我要弄明白这些道理，所以我必须出家。"

慈镇禅师看这小孩说得头头是道，就答应明天一早给他剃度。可是，这小孩听了禅师的话却说："虽然你说你明天给我剃度，但我还是很年幼，不知自己出家的决心会不会保持到明天早上；再说，师父你这么老了，你也不能保证你明天早上一定还能够睁开眼睛。所以还是及早剃度的好。"

慈镇禅师听了之后，颇为赞许，当即给他剃度了。

人生哲理

一万年太久，只争朝夕。一个9岁的小孩都知道要珍惜现在，决定做一件事，哪怕一个晚上也不要再等，立即开始。难道我们还要为"等明天吧"这样的口头语所累吗？

班超的故事

班超出使西域，首先到达鄯善。鄯善王一开始礼敬有加，可是没过几天，忽然冷淡下来。经过了解，班超才知道原来匈奴使者带领百余人来到了鄯善，鄯善王是受到了匈奴使者的要挟。

班超开始考虑对策。当时，他只有36人。他把随员召集来喝酒，酒酣之际，班超故意借鄯善王之事激怒大家，众人都表示愿意听从班超的吩咐。班超听了大家的表态，就斩钉截铁地说："不入虎穴，焉得虎子。如今我们已经没有退路了，只有一举歼灭匈奴使者，威慑鄯善王，才能绝处逢生。"

到了夜里，恰好刮起了大风，班超带领部下趁着夜色奔向匈奴使者的营地，利用火攻，使得匈奴人全军覆没。

第二天，班超把匈奴使者的人头放在鄯善王面前，并劝他归附汉朝。鄯善王大惊，就答应归附汉朝，并把儿子送往汉朝做人质。

> **人生哲理**
>
> 不入虎穴，焉得虎子。不亲自经历险境，怎能获得成功？不经过艰苦的实践，也同样不能取得重大的成就。

居里夫人和镭

居里夫人在她的"实验室"里搬运整袋的沥青矿渣，把它们倒在一口煮饭用的大铁锅里，用粗棍子搅拌。由于居里夫人只是理论上推测但无法证明新元素镭，所以巴黎大学董事会拒绝为她提供实验室、实验设备和助理员，她只能在校内一个无人使用的四面透风漏雨的破旧大棚子里进行实验。她工作了4年，最初两年做的是粗笨的化工厂的活儿，不断地溶解分离。经过1000多个日夜的辛苦工作，8吨小山一样的矿渣最后只剩下小器皿中的一点液体，再过一会儿将结晶成一小块晶体，那就是新元素镭。当她满怀希望，抑制住激烈跳动的心朝那只小玻璃器皿中看时，她看到4年的汗水和8吨的沥青矿渣最后的结果只是一团污迹！

居里夫人疲倦地回到家，晚上她躺在床上，还在想着那团污迹，想找出失败的原因："如果我知道为什么失败，我就不会对失败太在意了。为什么只是一团污迹，而不是一小块白色或无色晶体呢？那才是我们想要的镭。"居里夫人像是对自己又像是对居里说话，突然，她眼睛一亮：也许镭就是那个样子，不像预测的那样是一团晶体。他们起身跑到实验室，还没等开门，居里夫人就从门缝里看到了她伟大的"发现"——器皿里不起眼的污迹，此时在黑夜中发出耀眼的光芒。这就是镭！

人生哲理

为什么我们大多数人总是与成功失之交臂？那是因为我们有时会预先设想事物应该有的模样，而没有注意变化中的事实自有规律和实体形象。

纸上谈兵的赵括

战国时赵国名将赵奢的儿子赵括自幼聪明好学，读了不少兵书，可以倒背如流。每当谈论起军事战略战术，他还可以引经据典，滔滔不绝。许多人赞扬他，钦佩他的才能。赵括听了心里扬扬自得，嘴里情不自禁地说："打仗很简单，没什么了不起。"

几年后，秦国进攻赵国。赵王派赵括为大将前去抵抗秦军。

赵括威风凛凛地来到前线，按照兵书上的条文，重新部署兵力，改变了廉颇的全部做法。结果很快陷于被动，不久就被秦军围困，最后弹尽粮绝，被迫突围。赵括被乱箭射死，40万赵军全部覆灭。

人生哲理

盲目自大的人注定要失败。自大是前进路途中的暗礁，所以，一定要对自己的实力有个清醒的认识，对客观条件的利弊有一个中肯的评价，只有这样才能采取切实有效的手段，才能最终取得成功。

弯腰

耶稣带彼得远行，路上看到一块马蹄铁，彼得懒得弯腰，而耶稣弯腰将它捡起。

后来耶稣用马蹄铁换的钱买了18颗樱桃，

在走过荒野的时候，耶稣掉下一颗樱桃，干渴的彼得立刻弯腰捡起吃掉，耶稣又掉下一颗樱桃，彼得又弯腰捡起吃掉，这样彼得狼狈地弯了18次腰。

耶稣笑着对彼得说："要是你此前弯一次腰，就不会在后来没完没了地弯腰了。"

人生哲理

不去弯腰或疏于弯腰，是糊涂，而耻于弯腰者，肯定是傻子！小事不干，将来就会在更小的事情上操劳。

一个马掌钉

理查三世和亨利准备最后决战，胜者将做英国的王。战斗开始的前一天早上，理查派马夫准备好自己最喜欢的战马。"赶快给它钉掌，国王希望骑它打头阵。"马夫对铁匠说。"你得等等，前几天给所有的战马钉掌，铁片没有了。""我赶时间，等不及了。"马夫不耐烦地叫道。铁匠埋头干活，从一根铁条上弄下四个马掌，把它们砸平、整形，固定在马蹄上，然后开始钉钉子。钉了三个掌后，他发现没有钉子来钉第四个掌了。

"我需要点时间砸两个钉子。"他说。

"我说过没有时间了。"马夫急切地说。

"我能把马掌钉上，但是不能像其他几个那样牢固。"

"能不能挂住？"马夫问。

　　"应该能，但我没把握。"铁匠回答。

　　"好吧，就这样，快点，国王会怪罪的。"马夫叫道。

　　两军交锋，理查国王冲锋陷阵，鞭策士兵迎战敌人。突然，一只马掌掉了，战马跌倒在地，理查也被掀翻在地。受惊的马跳起来逃走，国王的士兵也纷纷转身撤退，亨利的军队包围了上来。理查绝望地向空中挥舞着他的宝剑，大喊道："马！一匹马，我的国家被颠覆就因为这一匹马！"

人生哲理

　　一只马蹄铁上没有钉钉子，本是初始条件十分微小的变化，但其长期效应却是一个帝国存与亡的根本差别。这就是所谓的"蝴蝶效应"。所以，一个明智的人一定要懂得防微杜渐。

背女人

从前，有一大一小两个和尚出门化缘，走到一条河边时，看见一个妙龄女子被水围困着不能过河，于是大和尚毫不犹豫地将她背起过了河。

小和尚大为不解，晚上便忍不住问道："师兄，出家人六根清净，你背了那女人，不是犯了戒吗？"

大和尚答道："我背那女子一过河就放下了，可师弟你，为什么到现在还'背'着她放不下来？"

人生哲理

生活中，很多时候我们陷入僵局或困境当中，都是因为我们拿不起放不下。因为如果始终被某个观念束缚，就会积思成疾，乃至影响正常的生活。

猫和狐狸

猫和狐狸外出去朝拜圣地，它俩打扮得像两个小圣徒，实际上是两个圆滑刁钻、阿谀奉承的伪君子，名副其实的骗子。它俩一路上尽干坏事，没少骗吃家禽和干酪，根本不花费自己一个铜子。

漫长的旅途十分枯燥无聊，它们用争论问题来打发时光是一个好办法。整日里，空旷的路上充斥着这两位朝圣者的吵嚷声。在结束一个话题后，它们谈起了对方。狐狸对猫轻蔑地说道："你自认为聪明，其实你懂些什么，我却有很多锦囊妙计。"

"那有什么用，"猫说，"我的袋子里只有一招，但它足以赛过各种计谋。"就在这时候，一群猎狗赶了来。猫对狐狸说："朋友，现在就看你有什么锦囊妙计了，多动脑筋想想看，赶紧找一条逃生之计吧，对我来讲就看这一招了。"话音刚落，猫纵身跳到树上躲了起来。狐狸只得动脑筋想办法了，然而，它想出的上百条计谋根本不管用，不得已只得钻进一个又一个窝穴，找寻安全隐蔽之处，却没找到一个像样的地方。在受到烟熏和矮种猎狗的追咬后，狐狸冒险钻出了地面，随即被两只动作利索的狗捉住了。

人生哲理

蹩脚的本事会得再多也没用！只有掌握一技之长，在关键的时候，才能镇定自若，逢凶化吉。

金翅雀和猫

金翅雀对主人说："主人，为什么你要把我锁在笼子里？为什么不让我在花园里飞翔，不让我在枝头欢跳？你要知道，对于歌声嘹亮的歌手来说，铁笼子虽然舒适却过于狭小了！一旦把你放出去，你就会只剩下两只爪子和一堆羽毛！你要知道，锁住你正是为了保护你，使你不受猫的骚扰！"主人说。

金翅雀说："既然你这样爱护我，就放我出去，把猫锁在笼子里，岂不更好？"

> **人生哲理**
>
> 对于幸福的理解，每个人都有不同的看法。不要把自己理解的幸福强加给别人，那样只会让别人产生不自由的感觉。

蚂蚁学飞

很早以前，所有的蚂蚁都是会飞的。

这天，蚁后产了很多黑蚂蚁卵，不久这些卵就变成一只只小蚂蚁了。蚁后就对带头的那只黑蚂蚁说："小蚂蚁长大了，你带着它们去学习飞行吧。"于是这只黑蚂蚁就带领其他的蚂蚁去了。

它们在草地上试着张开翅膀，往上扑腾，可是没等它们的翅膀平衡，就从半空中掉下来了，摔下来的蚂蚁开始气馁了。

这时候蚁后走过来说："失败并没有什么可怕的啊，要想学会飞，是要付出努力的，你们才摔了一次，以后还会有很多次呢。"黑蚂蚁们听了蚁后的话继续扑腾，可依然飞不起来，这次它们就干脆不学了，最后这群黑蚂蚁没有学会飞。

因为黑蚂蚁不能飞，翅膀用不上了，便慢慢退化了，于是地上就有了不会飞的蚂蚁。

人生哲理

停到半路比走到终点更痛苦！所以，在我们面对失败的时候实在应该好好想想，吸取教训，重新开始。因为，失败是成功之母，每经历一次失败就意味着离成功更近一步了。

驴子、公鸡和狮子

在村子里，公鸡和驴子生活在一起，它们互相照顾，相安无事。

有一天，饥饿的狮子来到村子里觅食，它看到驴子，心想这么大的家伙够吃好几天，于是偷偷摸摸向驴子靠近。驴子比较笨，视力也不好，没有看见。公鸡眼尖，一眼就看到了鬼鬼祟祟的狮子，吓得尖叫起来。狮子从来没有听过鸡叫，一时觉得很恐怖，转身逃之夭夭。

驴子见狮子连鸡叫都害怕，非常得意，心想狮子也没有什么了不起的嘛，顿时生出万千好奇来，转身便立即跑去追赶狮子。

狮子跑得很快，驴子追了一会儿就离村子很远了，公鸡的叫声听不到了，这时候狮子猛然转过身来，咬断驴子的脖子，把它吃了。

人生哲理

面对比自己强大很多倍的敌人时，绝不能逞一时之勇。莽撞的进攻虽然勇气可嘉，却是在自取灭亡，自寻死路，其结局必定是失败。

听话的小老虎

刚刚学会跑步不久的小老虎，看到爸爸妈妈捕猎时的威风劲儿，羡慕极了。它嚷嚷着要跟妈妈一块出去捕捉野兽。虎妈妈严肃地说："你现在还不行，老老实实待在家里。"委屈的小老虎只好回到山洞。不甘心的它站在洞口，想找个机会表现一下。一只野猪从洞前经过，小老虎想："我逮头野猪让妈妈看看。"它跳跃着冲过去，张口就咬。野猪皮坚肉厚，根本咬不透。虎猪一场大战，小老虎遍体鳞伤，幸好虎妈妈及时赶到，小老虎才脱离危险。

虎妈妈狠狠地把小老虎训斥了一番，告诉它："你奔跑的速度没练出来，你牙齿的力量没练出来，怎么可能捕到猎物？"小老虎知错了，在妈妈的帮助下，它先学捉兔子，捉狐狸，然后去捉羊、鹿。两年后，小老虎终于杀掉了那只让它受伤的野猪，成为森林之王。

　　正所谓欲速则不达，做任何事情都不能急于求成。打好基础，做足准备，实力才能稳步上升，时机成熟时一切都会水到渠成，而急于求成往往只能获得不稳定的成果。

一只蜘蛛和三个人

　　雨后，一只蜘蛛艰难地向墙上已经支离破碎的网爬去，由于墙壁潮湿，它爬到一定的高度就会掉下来。它一次次地向上爬，又一次次地掉下来……

　　第一个人看到了，他叹了一口气，自言自语："我的一生不正如这只蜘蛛吗？忙忙碌碌而无所得。"于是，他日渐消沉。

　　第二个人看到了，他说："这只蜘蛛真愚蠢，为什么不从旁边干燥的地方绕一下爬上去？我以后可不能像它那

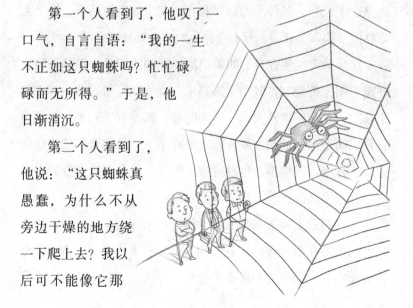

样愚蠢。"于是，他变得聪明起来。

第三个人看到了，他立刻被蜘蛛屡败屡战的精神感动了。于是，他变得坚强起来。

人生哲理

一位哲人说："你的心态就是你真正的主人。"心态决定一切，积极的心态可以成就一个人，而消极的心态可以毁掉一个人。

狮子和野猪

夏天到了，天气异常的炎热，知了在树上拼命地叫着，鸟儿停止了飞翔，各种小动物都躲在洞穴里或者树荫下，整个大森林似乎陷入了死寂，只有明晃晃的阳光无处不在。

这样的天气实在容易叫人口渴，那些耐不住干渴的动物只好跑出阴凉的地方，到小溪边喝水。狮子和野猪碰巧一起来到小泉边，它们正准备大喝一通的时候，都发现了对方，于是两只自以为很强大的动物就开始争吵起来了，原因是都觉得应该让自己先喝，慢慢地，争吵变成了争斗，狮子和野猪开始在小河边打得你死我活。

当它们累了停下来喘气的时候，忽然回过头去，看见有几只秃鹰正站在附近等候，它们俩马上冷静下来了：谁倒下去谁就会被吃掉。因此它们停止了争斗，并说："我们还是成为朋友吧，总比被秃鹰吃掉好得多。"

人生哲理

不要因为不必要的小事进行内耗，无意义的争斗只会给自己招来灾难，因为在竞争如此激烈的社会，应避免不必要的损失，保存实力。

狐狸智斗大灰狼

年迈的狮王犯了风湿病，躺在病床上一动也不能动，它指派大臣必须找到药来治它的衰老症。要向狮王解释它的要求是办不到的，大家既不敢也不可能。

大臣只好在百兽中聘请大夫，形形色色的医生汇集宫中，献祖传秘方的也络绎不绝，但在许多次的朝见中单单找不到狐狸，它销声匿迹，躲到哪里去了呢？大灰狼为了献媚，在狮王临睡前对狐狸的缺席肆意诽谤。狮王听信谗言后勃然大怒，马上下旨把狐狸捉到宫中。

狐狸被押进宫来，带到了狮王的寝榻前，它心里清楚这是大灰狼在使坏，让它遭受这不白之冤。狐狸说道："陛下，臣以为有的奏折与事实极不相符。比如说我故意不来朝拜陛下，实际上我是去朝拜圣地，祈求上天保佑陛下圣体康复，以了却我的心愿。在朝拜的长途跋涉中我曾遇到一些博学多才的君子，我向他们提及陛下身体欠佳，精力减退。他们告诉我说，其实您所缺乏的仅是一些热量，您年事已高当然要注意保暖。因此，只要您穿上一件新做的狼皮大衣，您的病情马上就会见好。您只要看得上，狼大人的皮就是一件上好的料子。"

狮王对这一提议十分赞同，马上下令生剥了狼皮，砍下四只脚。结果，狮王不仅披上了冒着热气的狼皮大衣，还把狼肉做了晚餐。

人生哲理

这是一个倡导优势互补、资源整合、精诚合作的时代。只有这样才能在强大的竞争中拥有抗击风险的能力，假若一味互相攻击各不相让，很可能会大祸临头。另外，私下攻击别人的人，必成别人反击的对象。

南郭守城

南郭将军熟读兵书，各种战术都能倒背如流，每次跟皇上讨论军事战略问题，都讲得头头是道，皇帝特别器重他。后来敌国犯境，皇帝决定派南郭将军去镇守边城。

南郭将军率领大部队，很快就到达战场。第二天，敌国在城外叫战，南郭将军没有出去迎战，而是命令属下在城楼上放一把瑶琴，吩咐城里的人都不要声张、按兵不动，然后他就坐在城墙上，开始弹琴，并命令把城门打开。

敌军看见城门是开着的，立刻攻入城去，没过多久就把整座城都占领了，还俘虏了南郭将军。被俘的南郭将军很纳闷："兵书上明明写着诸葛亮不用一兵一卒，仅在城墙上弹琴就把敌军的百万大军击退了，为什么我的空城计就不能成功呢，我的确是按着兵书上写的一步一步布阵的啊。"

人生哲理

光懂得理论知识是远远不够的，还要有扎实的实践经验，两者结合才能达到最好的效果，纸上谈兵永远不会打胜仗。

倒霉的猫头鹰

老鹰和猫头鹰停止了攻击，它们甚至互相拥抱以表示亲热的程度，并决定不再互相吞食彼此的孩子。"你认得我的孩子吗？"猫头鹰问道。"不。"

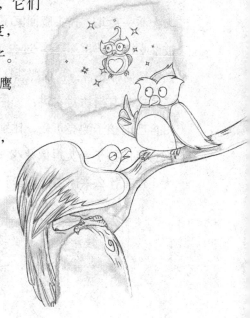

"真糟糕！"猫头鹰叹息道，"我很为孩子们的性命牵挂，保住它们的命真靠运气了。因为你是百鸟之王，不会把小事记在心上，假如你遇到我的孩子，而又不认识它们，那它们的小命一准送掉。"

"你把它们的样子讲给我听听，"老鹰提议说，"我向你保证，我不会伤害你的孩子。"

猫头鹰以未来母亲的身份说道："我的小东西长得娇小动人，漂亮可爱，它们有迷人的眼睛和动人的歌喉。单说这些特点你就能轻易地辨认清楚。请记好了，千万别忘掉，要不然，死神就会到我家中，把死亡降临在它们头上。"

没多久，上帝把孩子赐给了猫头鹰。有一天傍晚，猫头鹰离开家外出给孩子寻食，老鹰正巧路过猫头鹰的住处，看到几个长得怪模怪样的小东西，它们面目丑陋，神态阴郁，发出的叫声阴森森的。老鹰见状说："这应该不会是我朋友的孩子，把它们当成晚餐吧！"

不一会儿，猫头鹰回家了。天啊，它看见自己的心肝不知被谁吃掉了，伤心得昏了过去。街坊告诉它老鹰吃掉了小猫头鹰，猫头鹰向神哀告，祈求严惩这丧心病狂的强盗。

这时有街坊对它讲："你还是反省反省自己吧。人总是觉得自己的孩子漂亮可爱，比别人家的要好。谁让你在老鹰跟前把自己的孩子夸奖得像朵花一样？这与它们的本来面目相差太大，没有什么共同之处嘛。"

人生哲理

要注意自己的每一句话是不是和事实相符。如果说话太离谱，吃亏的只能是自己，因为吹牛者终将受到事实的惩罚。

游水之道

有一次，孔子带着他的几个学生到吕梁游览观赏美妙的大自然景色。只见那吕梁的瀑布飞流而下，溅起的水珠泡沫直达40余里以外。瀑布下来冲成一条水流湍急的河，在这里，就连鼋鱼、鼍鳖这一类水族动物都不敢游玩出没。然而，孔子却突然发现一个汉子跳入水中畅游。孔子大吃一惊，以为这个汉子有什么伤心事欲寻短见，于是，他立即叫自己的学生顺着水流赶去救人。

不料，那汉子在游了几百步远的地方却又露出了水面，上得岸来，披着头发唱着歌，在堤岸边悠然地走着。

孔子赶上前去，诚恳地问他说："我还以为你是个鬼呢，仔细一看，你实实在在是个人啊！请问，游水有什么秘诀吗？"那汉子爽快地一笑说："没有，我没有什么游水的秘诀，我只不过是开始时出于本性，成长过程中又按照天生的习性，最终能达到这种境地是因为一切都顺应自然。我能顺着漩涡一直潜到水底，又能随着漩涡的翻流而露出水面，完全顺着水流的规律而不以自己的生死得失来左右自己的行为，这就是我游水游得好的道理。"

孔子又问道："什么叫作开始出于本性，成长中按照天生的习性，而有所成就是顺应自然呢？"

那汉子回答说："如果我生在丘陵，我就去适应山地的生

活环境，这叫作出自本来的天性；如果长在水边则去适应水边的生活环境，这就是成长顺着生来的习性；不是有意地去这样做却自然而然地这样做了，这就叫顺应自然。"孔子听了汉子的一番话，若有所悟地点头而去。

人生哲理

找到并掌握生活中的规律，做事就会得心应手，达到意想不到的效果。

爱抱怨的狮子

狮子经常对普罗米修斯抱怨，尽管普罗米修斯把它创造得高大威武，给它的下颚装上了锐利的牙齿作武器，给它的脚装上有力的爪子，使它比别的动物更强大。但它仍说："可我还

是怕那公鸡。"普罗米修斯说："你为什么毫无道理地责怪我呢？我能创造的长处你都有了，只是你的性格太软弱了。"狮子悲叹不已，自责自己懦弱，终于想要去寻死。正在这时候，它遇见了大象，相互招呼之后，站着聊了起来，它看见大象不停地扇动着耳朵，便问："你怎么啦，为什么一刻不停地摇动你的耳朵？"象回答说："你看见这些嗡嗡直叫的蚊子吗？它们若钻进我的耳朵里，我就完了。"狮子听后，大彻大悟："那么我干吗去寻死呢？"

人生哲理

没有比较，就不会知道自己有多幸福。还是知足者常乐。

和老虎做朋友的樵夫

从前，有个樵夫在山间打柴，忽然遇见一只老虎，吓得瘫坐在地。那只老虎并未上来吃他，而是温顺地来到他面前，用虎头轻轻地碰那樵夫，然后张开口。樵夫回过神来，便大了胆向虎口中望去，原来老虎因吃一个妇女，被妇女头上的簪子卡了喉。樵夫便细心地为老虎取出卡喉的簪子。老虎激动得热泪盈眶，说："樵夫哥哥，我以百兽之王的身份担保，我一定要好好报答你。"并强烈要求与樵夫结拜为兄弟，樵夫答应了它。

从此以后，每隔两三天，老虎总要到樵夫家去一趟，把猎到的羊、鹿、兔送给樵夫。樵夫的母亲看到了，劝儿子不要与老虎交朋友。樵夫说："妈妈，你看老虎兄弟待我们多好啊，没事的。"

天气冷起来，老虎猎食越来越困难了。一天深夜，饥饿的老虎窜到樵夫家，把樵夫和他的母亲吃掉了。

人生哲理
要谨慎择友，千万不要引狼入室。

考验

有三个人因做了善事，上帝决定给他们每人一个发财的机会，告诉他们在沙漠的深处有一个地方埋藏着宝藏，等上七七四十九天，宝藏会自动从地下长出来。最先去的是善事做得最多的人，他来到上帝预告的地点，那里除了漫漫黄沙、一眼泉水之外，别无他物。

一天过去了，喜欢与人交流的他寂寞难耐，便开始唱，三天后改为吼，五天后改为号叫，空旷的沙漠一点反应也没有。十天过去了，他觉得自己的生命快完蛋了，就离开了沙漠。

第二个人来了，他带来许多书信，边等边读信，三天便把信读完了。当他把所有的信读到第五遍时，觉得无聊到了极点，便放弃了。

最后一个人来了，他就坐在那里等着奇迹出现，他穷尽自己的想象，猜想宝藏从地上生长的模样，无聊地度过了30

天，他忍耐着，日升月落，他开始回忆自己的人生历程，童年、少年、青年，一件件往事浮现在眼前。他忆起自己做过的好事时心花怒放，忆起做过的错事时痛心疾首，他忘记了时日，当他彻底想明白人生意义时，大地开裂，宝藏涌出，他获得了一切。

人生哲理

成功需要付出耐心。在郁郁不得志时需要耐心，在困境面前需要耐心，在被人误解时需要耐心……在成功的道路上，如果没有耐心去等待成功的到来，只好用一生的耐心去面对失败。

小毛毛虫的革命

毛毛虫从小就被训练要学会跟随大虫，毛毛虫的家族里流传着一句名言："永远跟随成功者和有经验者。"一代一代过去了，它们跟随的习性已经深入骨髓，至于跟随的原因早已经忘却了。

大水把毛毛虫家族冲到一个从未到过的地方，头领带着大家转来转去，找不到合适的出路。它一直转呀转，其他毛毛虫也跟着转呀转，一只小毛毛虫说："咱们旁边的草丛不是很适合我们吗？别的虫白了白眼，谁也不说话，又转了几圈，小毛毛虫忍不住了，于是它独自走了，剩下的毛毛虫继续跟着转，直到力竭而死。"

人生哲理

改变观念会改变命运。不要盲从，不要个人崇拜，而且永远不要害怕改变，改变里就有成功的契机，它会让你获得更多的机会。

胆小的猎人

从前，有个猎人，当别人上山打猎时他就待在自己家里。别的猎人猎到了兔子，就问他："你为什么不去打兔子呢？"

这个人回答说："兔子跑得快，我怕追不上。"

猎人又合力猎到了老虎，就问他："你为什么不去打老虎呢？"

这个人回答说："老虎太凶猛，我怕被吃掉。"

别的人对他说："你不敢追兔子，又不敢打老虎，那你不要做猎人了，还是做农民吧，这样就不用怕了。"

于是猎人就做起了农民。可是，当别人下地干活时，他还是待在自己家里。别的农户种了高粱，就问他："你为什么不种高粱呢？"这个人回答说："高粱怕涝，我怕雨水多。"别的农户又种了水稻，问他："你为什么不种水稻呢？"这个人回答："水稻怕旱，我怕天上不下雨。"别的人收获了棉花，又来问他："你为什么不种棉花呢？"这个人毫不犹豫地回答："我怕种了棉花生虫子啊！我要确保安全。"

人生哲理

歌德说："失掉了勇敢，就会失掉一切。"成功的路上处处有风险，做每一个决策都要冒可能失败的风险，但就像达尔文说的那样，"幸运喜欢照顾勇敢的人"。危险和希望并存，风险越大，胜利越大。倘要创立惊人的业绩，必须敢于冒险。

驴子的习惯

有一对父子住在山上，父亲是个瘸子，儿子是个瞎子，他们有一头老驴。每天，父子俩牵着驴子下山，都是儿子走在前面牵驴，父亲坐在驴背上指挥方向。

山路有一处很不好走，每当走到那个拐弯处时，父亲都会叫道："儿子，拐弯，小心了！"于是儿子就小心翼翼地把驴子安全地牵过那处险弯。

可是有一次，父亲生了病，不能下山。儿子对他说："您放心吧，在这条路上走了这么久，我虽然看不见路，但单凭记忆也能走过去。"父亲只好让儿子独自牵着驴下山。

儿子牵着驴沿着路往山下走，一切都很顺利。这条路他走了十几年，其实没有父亲指路也不会有危险。但是，到了那处险弯，那头老驴停下了，任凭他怎么拉怎么拽也不肯挪动脚步。他对着驴子又是吆喝又是哄劝，老驴就是不买他的账，把他急得满头是汗，就是想不出办法。

突然，他灵机一动，学着父亲的语气叫道："儿子，拐弯，小心了！"那驴就轻轻快快地往前走了。

人生哲理

习惯的力量就是这么大！当你养成一个好的习惯时，你也就离成功不远了，但是如果你养成了一个坏习惯，你就会发现想成功是那么困难。

使坏的驴子

从前，有个商人在镇上买了很多盐。他把盐装进袋子里，然后装载于驴背上。"走吧！回家吧！"

商人拉动缰绳，可是驴子却觉得盐袋太重了，心不甘情不愿地走着。城镇与村子间隔着一条河。在渡河时，驴子东倒西歪地跌到河里。盐袋里的盐被水溶掉，全流走了。

"啊！盐全部流失了。唉！可恶！多么笨的驴子呀！"

商人发着牢骚。可是驴子却高兴得不得了，因为行李减轻了。

"这是个好办法，嗯！把它记牢，下次就可以照这样来减轻重量了。"驴子想。

第二天，商人又带着驴子到镇上去。这一次载的不是盐，而是棉花。棉花在驴背上堆得像座小山。

"走吧！回家！今天的行李体积虽大，可是并不重。"商

人对驴子说，并拉动了缰绳。

驴子一副负担很重的样子，慢吞吞地走着。不久又来到河边，驴子想到昨天的好主意。"昨天确实是在这附近，今天得做得顺顺利利才行！"于是，驴子又故意摔倒到河里。"顺利极啦！"驴子心里面暗自得意。

过了一会儿驴子想站起来，但使尽了力气也没办法站起来。因为棉花进水之后，变得更重了。"失算了，真糟糕！"

驴子虽然竭力嘶叫着，努力想站起来，但是，它实在没有力量负荷起浸满水而变得沉重无比的棉花，最后终于淹死在河里。

人生哲理

任何通过实践得来的经验都是宝贵的，但不是任何时候都是有效的。要根据时间和形势的不同，选择利用不同的策略才能收到效果，否则就会聪明反被聪明误。

寒号鸟

当寒风吹落枫树上的最后一片树叶的时候，冬天来临了，树林中的鸟儿们都忙着加固自己的巢穴，只有寒号鸟躲在阳光下悠闲地梳理着自己的羽毛。"你该筑巢啦，冬天就要到了。"乌鸦劝它。"忙什么呀，你看阳光多好，明天再筑来得及。"寒号鸟回答。

夜里寒风吹起，寒号鸟冻得不住地哆嗦："寒风冻死我，明天就筑巢。"它决心明天筑巢。

第二天，太阳升起，暖暖的阳光照在身上，它又不愿意行动了。"您该垒窝了，冬天来了。"麻雀劝它。"忙什么呀，你看阳光多暖和，明天再筑来得及。"寒号鸟回答。

三天后，暴风雪来了，寒号鸟冻死在树枝上了。

人生哲理

说一尺不如行一寸。虽然行动起来未必一定会成功，而如果没有行动，是注定不会成功的。只贪图眼前的安乐，不作长远打算的人，注定被自己的懒惰所害。

野狼磨牙

一只野狼卧在石头上勤奋地磨牙，它的牙齿磨得又光亮又锋利。狐狸看到了觉得特别妒忌，就对它说："天气这么好，大家都在休息娱乐，你为何这么辛苦啊？难道平时的努力还不够吗？赶快加入我们寻欢作乐的队伍中吧！"

野狼没有说话，继续磨牙，把它的牙齿磨得更尖更利。狐狸开始奇怪了，问道："森林这么宁静，猎人和猎狗都已经回家了，老虎也不在附近徘徊了，没有任何危险，你何必那么用劲磨牙呢？"

野狼停下来回答说："我磨牙并不是为了娱乐，你想想，

如果有一天我被猎人或老虎追逐，我需要锋锐的牙齿与它们搏斗；如果有一天，兔子从我面前跑过，我也需要锋锐的牙齿把它们的喉咙咬破。到那时，我只要有一点的疏忽就会遭到灾难或者失去机会，我想磨牙也来不及了，平时把牙磨好，到那时就可以保护自己，获取食物了。"

人生哲理

没有危机就是最大的危机！危机意识是一种对环境时刻保持警觉并随时作出反应的意识。要使危机意识深入思想，无疑是一个非常艰难的过程，但是如果不形成这种意识，任何创新和努力所带来的成果都是脆弱的、易碎的。

黄莺的眼光

秋天到了，天气渐渐变凉了，一群一群的大雁排着队往南飞。只有黄莺还在老地方待着。黄莺看到大雁往南飞，觉得不可思议，认为它们太笨了。

有一天，黄莺拦住一只正准备往南飞的大雁说："大雁，你为什么要往南飞啊？多累啊！"大雁回答说："冬天快到了，天气要变冷了，我们要到南方去过冬，你也去吧。"

黄莺不屑一顾地说："冬天来有什么了不起，我才不怕它呢，我也不要像你们那样飞到南方去，多累啊，说不好就会累死在路上的，我在这边筑个窝就可以过冬了。"

大雁听到它这样回答就没怎么说，继续赶路去了。

冬天到了，北方呼啸，大雪纷飞，地面上结了厚厚的冰，黄莺躲在它那个用一点泥土垒起的窝里，哆嗦个不停。大雁却在南方快乐地生活着。

第二年大雁飞回来的时候，发现黄莺早已冻死在自己的窝里。

> **人生哲理**
>
> 决策时，如果只考虑眼前的状况，缺乏长远的眼光，往往会作出一些短期行为。虽然暂时会获利，但对长远发展却不利。

蛇的争论

蛇们幸福地生活在一个潮湿的山涧中，已经有好多年了，但今年夏季似乎有些不妙，一只雕不知从何处来，已经有好几条蛇成了它的美餐。

蛇们赶紧召开大会，准备选出蛇王，带着大伙迁移，因为"蛇无头不行"。

为了保证选举的公正性、合法性，蛇们开始制订选举的程

序，在关于投票点和计票方法的安排上，蛇们发生激烈的争执。一连两个月，这个问题都没有得到很好的解决。

到了第三个月，它们已没有必要争执了，因为它们都已经成了雕的果腹物。

人生哲理

大到一个国家、组织，小到家庭、个人，要有所成就，就必须在作决策、办事情的时候分清主次，抓住重点，否则哪样也做不好。

狗的友谊

黄狗和黑狗吃饱了饭，躺在厨房外的墙脚边晒太阳，并攀谈起来。它们谈到人世间的各种问题、自己必须做的工作、恶与善，最后谈到了友谊。黑狗说："人生最大的幸福，就是能和忠诚可靠的朋友在一起，同甘苦，共患难。彼此相亲相爱，保护对方，使朋友高兴，让它的日子过得更加快乐，同时也在朋友的快乐里找到自己的欢乐。天下还能有比这更加幸福的吗？假如你和我能结成这样亲密的朋友，日子一定好过得多，就会连时间的飞逝都不觉得了。"

黄狗热情洋溢地说道："太好了，我的宝贝，就让我们做朋友吧！"

黑狗也很激动："亲爱的黄狗，过去我们没有一天不打架，我好几回都觉得非常痛心！何苦呢？主人挺好的，我们吃得又好，住得也宽敞，打架是完全没有道理的。来吧，握握爪吧！"

黄狗嚷道："赞成，赞成！"

两个新要好起来的朋友立即热情地拥抱在一起，互相舔着脸孔，高兴极了，它们高呼着："友谊万岁！让打架、嫉妒、怨恨都滚开吧！"

就在这时候，主人扔出来一根香喷喷的骨头。两个新朋友立即闪电般地向骨头直扑过去。"亲密的朋友"立刻滚在一起，相互撕咬，狗毛满天乱飞。

> **人生哲理**
>
> 真正的友谊不是建立在口头上的，不是互相吹捧，应该是真心相助，不求回报的。

野猪的下场

在一片山林中，一头雄壮的野猪击败了所有的对手成为这片山林的统治者。它性格暴躁，行为残忍，山林中的小动物多惨遭蹂躏，过着暗无天日的生活。动物都心怀怨恨，想着怎样才能除去这一大祸患。

狐狸、山羊、猴子等多次计议，也没有什么好办法，便去请教长期生活在野猪山洞旁边的小松鼠。小松鼠虽然一直过着战战兢兢的日子，但它对野猪的性情知之甚深。

"野猪性格特别急躁，要逼它生气、发怒，再想办法治它！"小松鼠说。大伙一听觉得有戏。猴子说："我在树上激怒它，把它引到悬崖边，狐狸你看好，时机成熟时叫山羊把它顶下悬崖。"大伙都表示赞同。

于是，猴子到野猪洞前故意喧哗，把野猪搞得极不耐烦，野猪便跑出来驱赶猴子。"我就叫，看你怎么办，该死的野猪。"听到猴子的叫骂，野猪大为光火，反复跳跃，想咬死猴子，猴子一边逃，一边骂，野猪越来越愤怒，它吼声如雷，眼中冒火，一步步被引到悬崖边。无数次的跳跃与跌落已把它搞得筋疲力尽，愤怒让它丧失了理智。狐狸见机会来了，呼啸一声，山羊从高处冲下，把野猪顶下了山崖。

人生哲理

愤怒，是一种不时困扰我们的负面情绪，一旦做了愤怒的俘虏，它就会干扰我们正常的判断力，"越想越生气"。愤怒会让我们失去自我，远离目标，丧失理智，做出一些后悔莫及的事情。

一只小老鼠

有只小老鼠没见过什么世面，有一天它回家说："母亲，我简直被吓坏了！我发现了一只庞然大物，用两条腿走路。我不知道它是什么动物。它的头上有顶红冠，眼睛特别凶，盯住我看。它还有个尖嘴巴，忽然之间，它伸出长脖子，把嘴巴张得非常大，叫出的声音很洪亮，我认为它要来吃我了，就拼了命跑回家来。遇到它真是噩运，因为我当时先看到另一只动物，它很可爱，个子更高大得多，要不是这个头上有顶红冠子的家伙，我就会和那只动物交上好朋友的。它的毛和我们的一样柔软，只是颜色灰白。它有双温和的眼睛，有点像没睡醒的样子。它很温和地看着我，摇动着它的长尾巴。我想它是要和我谈话，我本想靠近它，可是那只可怕的大家伙开始喔喔叫了，我只好连忙跑回来。"

母鼠听完它的话说："我的傻孩子，你跑回来就对了。你说的那只凶恶的大家伙倒不会害了你，那是只无害的公鸡。反倒是那只毛很柔软的漂亮东西很危险，它是猫，是我们最大的敌人，它一口就会把你吃掉。"

人生哲理

判断朋友和敌人依据外表，这是我们在生活中应该避免犯的错误。切记：外表是有欺骗性的，依据外表得出来的结论，说不定就是错误的。

马熊的悔悟

森林里有一只性情暴躁的马熊，凡与它相处的动物，一言不合就会被它殴打，轻者皮肉受伤，重者骨断筋折。但它并非一无是处，作为森林中的强者，它一次又一次地击退了外敌对森林的入侵，保护了小动物们的安全。因此，马熊自认为自己行侠仗义，英勇无敌，在森林中是最受尊敬的。

有一天，一头极其雄壮的野猪来犯，为了把它驱逐出境，马熊与野猪激战三天三夜，从山峰战到山谷，并远远地离开了这片森林。第四天夜晚，遍体鳞伤的马熊归来了。它发现森林里正在举办庆祝会，它以为是动物们庆祝它的归来。没想到远远就听到狐狸那刺耳的叫声："为了马熊的死而干杯！"

马熊震惊了，它这才真正明白自己在动物们心中的地位和形象，它羞愧万分，从此性情大变，改恶向善，后来被公推为森林之王。

人生哲理

俗话说"旁观者清"，因此，不要对逆耳之言消极抵抗，他人的评价往往比自我评价更具有客观性和真实性。

狗熊酿酒

狗熊是动物王国的著名酿酒师，它拥有一大片葡萄园。每年秋季，它都用园中的葡萄酿造出鲜美的葡萄酒，它也因此获得极为丰厚的收入。

但是有一年，气候骤变，在葡萄成熟的季节，一场无情的风雪来临了。狗熊没来得及收获，所有葡萄都被冻坏在园中。

森林里的动物们见状，在遗憾今年喝不到葡萄美酒的同时，纷纷来向可怜的狗熊慰问。

狗熊原本非常郁闷，但它突然想到，冻坏的葡萄难道就不能酿酒吗！它豁然开朗，立即动手实验。没想到，动物们不仅能喝到美酒，而且还喝上了别具风味的冰葡萄酒。

人生哲理

遇到危机时，妥善地处理它，就可能化害为利，使危机变成转机！

公鸡的角

玉帝要选出十二种动物作为十二生肖。动物们知道这个消息后都非常希望入选，积极准备。公鸡和龙也参加了，公鸡有一对大家公认的漂亮的角，龙的身上头上都是光光的，它觉得很不好看，这样一定会落选。

有一天，龙就跑到公鸡面前笑嘻嘻地说："公鸡老兄，你的羽毛真漂亮，你的爪子真好看，还有你的叫声比黄鹂鸟唱歌还好听，一定能被玉帝选上的，而我身上光秃秃的，什么都没有，哪怕有一对像你头上这样漂亮的角也好呀，好心的公鸡大哥，你就把那对角借给我吧，我用完就还你。我知道你是好人，不会眼睁睁看着我被淘汰的。"

公鸡听到龙的夸奖后顿时心花怒放，很爽快地就把角借给它了。

最后生肖大赛结束了，公鸡和龙都入选了，但龙排在了公鸡的前面，就是因为玉帝看中了龙的那对漂亮的角。

人生哲理

人人都愿意听好话，可是面对溢美之词，一定要保持清醒的头脑，一定要正确对待别人的赞美，否则，就会因为头脑发昏犯下不可弥补的错误。

狐狸和火鸡

　　为了对狐狸的进攻进行
有效的抵御，火鸡把自己栖息
的树当成了一座城堡。阴险的狐
狸已经绕树转了好几圈，瞧见每只火鸡都
在放哨警戒，不敢懈怠。它狠狠地喊着："怎么啦，这些躲在
树上的家伙居然敢跟我作对，它们以为这样就能免于一死！不，
绝不！我对天发誓，我绝不会轻饶它们的！"

　　这天晚上月色皎洁，这对火鸡当然是再好不过的了。当然
狐狸在进攻敌手方面也毫不含糊，它诡计多端，一肚子坏水，
忽而装作进攻向上爬，忽而又踮起爪子向上移，接着装死躺下，
一会儿又爬起来……狐狸竖起了肥大的尾巴，使它油亮闪烁，
耍尽了骗人的把戏。在这段时间里，没有一只火鸡敢放松警惕
打一个盹儿，敌情使它们两眼圆睁，紧张地注视着树下的风吹
草动。时间一长，这些可怜的火鸡都头晕目眩，不断地从树上
栽下来，几乎有一半的火鸡掉了下来。狐狸把掉下来的火鸡逮住，
全都拴在了一起，并把它们全宰掉放进自己的食品橱。

　　## 人生哲理

　　生活中免不了会遇到危机、挑战、诱惑或者其他让人气愤和
头痛的事。越是这种时候，越要保持冷静，因为，一切素质和能
力都只有在头脑冷静的情况下进行战略布署，才能应对危机。

南辕北辙

有个商人坐着马车赶路，路上口渴了，看见前面有间茅屋就赶过去向小屋的主人要了碗水喝。

茅屋的主人看商人赶路如此辛苦就搭讪道："先生，这么热的天，您拼命赶路是要去往何方啊？"

商人喝完水回答说："我听说南边生意比较好做，打算去南边做点小买卖。"茅屋主人看着商人的马车是面朝北面的，觉得很奇怪，就问他："您去的是南面，怎么马车是朝北面走的啊？"

商人笑着回答道："没关系的，我的马跑得快。"

茅屋主人告诉他："可是你的马车是面朝北方的啊，您怎么能到达南方呢？"

人生哲理枕边书 每天读一个人生哲理

他说："我的路费很充足的。"

"可是这不是去南方的路啊。"

"给我驾车的人的本领很高的。"商人说完就上了马车往前面奔去了。茅屋主人见他如此顽固，也就没有再跟他理论，只是站在那呆呆地看着这个商人离南方越来越远。

人生哲理

> 方向不对，努力白费！在行动之前，必须确定自己的目标和方向，只有朝着既定的正确的目标和方向努力，才能最后取得成功，否则即使条件再好也达不到目的。

沙漠中的骆驼

一群野骆驼在沙漠中行走，虽然能够承受沙子的高温，却是口渴得难受。突然间小骆驼看到不远处有一片绿汪汪随太阳荡漾的东西，它兴奋了，开心地说："那里一定有个湖，我们可以在那边找点水喝。"骆驼们朝着小骆驼所指的方向看过去，的确，那里好像有个湖，而且太阳照在湖面上还发出淡淡的波光，感觉很美。

这时候，老骆驼发话了："不对，这里怎么会有湖呢，我以前一直都没有碰到过的，可能是海市蜃楼，你们还是不要去的好。"

骆驼们渴得厉害，哪里还听得进老骆驼的话，有的甚至还

讥讽道："老哥，您一定是记性差，记错了吧，明明是一个湖啊，怎么会不是呢，您不会是想眼睁睁看着我们受苦，然后一个人去享受吧？"

说完骆驼们鼓足了所有的力量，朝那边奔过去，唯有老骆驼还是照着原来的步调走着，不为所动。那些骆驼怎么样了呢？它们只是感觉湖水就在不远处，却怎么也不能靠近它，等到它们都耗尽了体力再也跑不动的时候才相信，原来那真是海市蜃楼。

> **人生哲理**
>
> 人在面对诱惑的时候总是难免激动不已，但越是在这种时候越要进行冷静的分析，这样才能作出正确的选择。

商人的遭遇

商人去外地做生意已经很久没回家了，这天一做完生意，商人就借着月光往家赶，正当它陶醉在生意成功的兴奋之中的时候，却看见离他不远的地方有只老虎正张着血盆大口，好像要把他吃掉，还有那双闪着蓝光的眼睛，更是直愣愣地朝商人这个方向看，那种寒气袭人的恐惧，简直叫人窒息。

商人看到这儿，腿早就软了，整个人像一摊烂泥一样坐在地上。可是这是商人回家的必经之路，眼看着就快到家了，却偏偏出来一只老虎，商人不愿意往回走，只有继续壮着胆子往前去。

商人借着月光，一步一步往前移，就在快要接近老虎的时候，他发现原来这只老虎是刻在石头上的，并不是真的老虎，这才松了一口气。

> **人生哲理**
>
> 老虎的确可怕，可是刻在石头上的老虎就不可怕了。在生活中，当我们面对强敌时，害怕是没有用的，从容面对你就会发现，强敌其实并不像我们想象中的那么可怕。

亡羊补牢

从前，有个人养了一圈羊。一天早上他准备出去放羊，按照惯例他先数了数羊的数目，数来数去他发现少了一只。

他去羊圈仔细检查了一番，发现羊圈破了个窟窿。他想起来最近大家都说村子里来了一只狼，很多人家都丢了禽畜。他想肯定是狼从窟窿里钻进来，趁他睡熟了把羊叼走了。

他气愤地跟邻居说起这件事，邻居劝告他说："是啊，肯定是那只可恶的狼干的！赶快把羊圈修一修，堵上那个窟窿吧！"

他却说："反正羊都已经丢了，还修羊圈干什么呢？"

第二天早上，他准备出去放羊，到羊圈里一看，发现又少了一只羊。原来狼又从窟窿里钻进来，把羊叼走了。

他很后悔没有接受邻居的劝告，于是赶快找来泥灰和石头把那个窟窿堵上，把羊圈修补得结结实实。从此，他的羊再也没有被狼叼走了。

人生哲理

犯了错误，立即改正，就能减少错误。出现失误，及时采取补救措施，则可以避免继续遭受损失。

跳蚤和羊皮

一只跳蚤生活在狗身上。一天，它嗅到了羊毛的腥膻味。"这是什么？"跳蚤问自己。

它姿势优美地一跳，那小小的身躯就离开了狗。这时，它发现，原来狗躺在羊皮上睡觉哩。

"妙极了，妙极了！这张皮才是我需要的！"伶俐的跳蚤说，"它又厚实，又柔软，最重要的是比狗身上安全多了。在这里不必担心狗爪子搔痒，也不必怕那个没有教养的汪汪叫的家伙用牙齿咬。绵羊皮真使我感到十分甜蜜。"

跳蚤是这样开心，也没有更多地想一想，就钻进它将来的卧室——厚厚的羊毛里了。突然，在跳蚤的小脑袋瓜里产生一种感觉：在厚厚的羊毛里，毛是那么密，爬到毛根上很不容易。

"我应当有些耐心。"跳蚤安慰着自己。

它试了一次又一次，分开一根羊毛又一根羊毛，连时间也没有计算，渐渐地开出一条通路，最后才来到毛根。

"我到达目的地了，胜利了！"跳蚤高兴地叫道。

是啊，是啊！跳蚤真利索！不过，绵羊绒是那么细，又那么厚，闷得跳蚤连气都喘不过来了，就别再提如何享受羊毛的膻味了！

跳蚤精疲力竭，汗流浃背，垂头丧气。它想回到狗身上，可是，狗已经跑了。可怜的跳蚤最后饿死在厚厚的羊皮上。

> **人生哲理**
>
> 在下决心之前，需要对事物深入研究。如果像跳蚤那样，在没有充分了解实际状况的情况下就作决定的话，最后往往要追悔莫及。

磨坊主和驴

磨坊主和他的儿子赶着驴到集市上去卖。

刚走了不远，他们看见一群妇女聚在井边，其中一个喊道："快看呐，你们看见过这么傻的人吗，有驴不骑却走路。"

磨坊主听了这话，急忙让他的儿子骑上驴，自己高兴地走在他身边。没多久，他们来到一群正在热烈讨论的老人那里。

其中一个说："快看呐，真是人心不古，懒惰的儿子骑着驴，而他的老父亲却走路！下来吧，你这小孩，让老人家休息休息他疲劳的双腿吧！"

听了这话后，磨坊主只好让他的儿子下来，自己骑上去。他们这样走了还没有几里路，又碰到一群妇女和孩子。几个妇女立刻喊起来："嗨，你这懒惰的老头，怎么能自己骑驴，让你可怜的儿子在你身边走路？他简直都快赶不上了！"

老实的磨坊主立刻把儿子抱上驴，两个人一起骑。这时候，他们来到城门口了。一个市民说："我的朋友，请问那头驴是你自己的吗？"磨坊主："当然是的。"

那人说："噢，这种骑法没人会想得出来，你们都要把它压死了。倒是你们两个抬着它，要比它驮着你们两个更省力气。"

磨坊主说："好吧，我们可以试一下。"

于是他和儿子把驴的四条腿捆在一起，用一根棍子把驴抬起来。正过城门口的一座桥时，他们可笑的样子惹得人们围过来哈哈大笑。驴不喜欢这吵闹声，也享受不了这种被抬着走的奇怪方式，就挣脱了绳子，翻身挣扎下来，掉进河里去了。

磨坊主又羞又怒，急忙转身回家。

人生哲理

不能活在别人的舆论中，所谓"众口难调"，如果谁妄想做到"人人满意"，必然会遭遇上述寓言中磨坊主的结果：人人都不满意。

不自量力的青蛙

　　池塘边有两只青蛙，一天，小青蛙对老青蛙说："爸爸呀，我刚才碰到了一头可怕的大怪物哩。这个家伙大得像一座山，头上长了两只角，后面还有一条长毛的尾巴，它的蹄分成两只脚趾呢。"

　　"呸！呸！"老青蛙露出不屑的神气，"小孩子少见多怪。那不过是一头普通的牛而已，有什么稀奇？它或者比我长得高一点，但我不费吹灰之力，就可以变得像它那样大。"你瞧着吧。"于是它鼓着气，把肚皮膨胀起来。"

　　"是不是这样大？"它问小青蛙。

　　"不，那东西大得多呢。"

　　于是老青蛙再深深吸口气鼓起来，问小青蛙那头牛有没有这么大。"它大得多呀，爸爸。"小青蛙又说。

　　于是老青蛙再三吸气，用尽了力去把肚子鼓得又大又实。

它鼓呀鼓呀，胀呀胀呀，又向小青蛙问道："不用说，那头牛大概是这样……"说到这里，"呼"的一响，它的肚皮爆裂了。

> ## 人生哲理
>
> 缺乏自知之明的人，往往会把"自己"放到最大，然后做自己力所不能及的事。这样做不仅得不到什么益处，还会受到世人的嘲笑，甚至给自己带来不幸。

啄木鸟和老槐树

啄木鸟每天都给森林里的树木看病。

这天啄木鸟停在了老槐树上，它发现树上有几个虫眼，就对老槐树说："槐树老哥，你身上表层有虫子了，让我帮你啄掉吧。"

老槐树笑哈哈地回答道："啄木鸟老弟有点小题大做了，我这条命有好几百年了，风吹雨打，什么灾难没经过，区区几个虫眼算什么，过几天就没了。"

啄木鸟听它这么说就走了。过了不久，啄木鸟又停在了老槐树上，它看见虫眼比以前更多了，而且有些虫眼扎得很深，进入木质层了，就急忙对老槐树说："老槐树你身上的虫眼越来越多了，而且都快进入心脏了。"

老槐树还是轻蔑地说："没关系的，我抵抗力好，几个虫眼没关系的。"啄木鸟看老槐树这样顽固就不再理它了。

过了好长一段时间，啄木鸟再停在老槐树上的时候，发现老槐树已经死了。

人生哲理

面对危机，是避重就轻，拒不承认弱点，还是主动出击，迅速有效地解决问题呢？答案当然是后者。要是我们能够正确地面对危机，就可以将危机带来的负面影响降到最低，或者将劣势变为优势。

郑人买履

从前，有个郑国人，打算到集市上买双鞋穿。他先把自己脚的长短量了一下，做了一个尺子。可是临走时粗心大意，竟把尺子忘在家中了。

他走到集市上，找到卖鞋的地方。正要买鞋，却发现尺子忘在家里了，就对卖鞋的人说："我把鞋的尺码忘在家里了，等我回家把尺子拿来再买。"说完，就急急忙忙地往家里跑。

他匆匆忙忙地跑回家，拿了尺子，又慌慌张张地跑到集市。这时，天色已晚，集市已经散了。他白白地跑了两趟，却没有买到鞋子。

别人知道了这件事，觉得很奇怪，就问他："你为什么不用自己的脚去试试鞋子，而偏偏要回家去拿尺子呢？"

这个买鞋的郑国人却说:"我宁愿相信量好的尺子,也不相信我的脚。"

人生哲理

说话、办事、想问题,只从"规矩"出发,不从实际出发,就是犯了教条主义的错误。教条主义会使人思想僵化,其结果就会造成行动愚笨。

老鼠去海边

有一只老鼠告诉父母,它要去海边旅行。它的父母听后大声说道:"真是太可怕了!世界上到处充满了恐怖,你万万去不得!"

"我决心已定,"老鼠坚定地说,"我从未见过大海,现在应该去看一看了。你们阻拦也没用。""既然我们拦不住你,那么,你千万要多加小心啊!"老鼠的爸爸妈妈忧心忡忡地说。第二天天一亮,老鼠就上路了。不到一上午,老鼠就碰到了麻烦和恐惧。一只猫

从树后跳了出来，它说："我要用你填饱我的肚子。"

这对老鼠来说，真是性命攸关。它拼命地夺路逃命，尽管一截尾巴落到了猫嘴里，但总算是幸免一死。

到了下午，老鼠又遭到了鸟和狗的袭击，它不止一次被追得晕头转向，遍体鳞伤，又累又怕。

傍晚，老鼠慢慢爬上最后一座山，展现在它眼前的是一望无际的大海，它欣赏着拍打岸边的一个接一个翻滚的浪花。蓝天里是一片色彩缤纷的晚霞。

"太美了！"老鼠禁不住喊了起来，"要是爸爸和妈妈现在同我在一起共赏这美景该有多好啊！"

海洋上空渐渐出现了月亮和星星。老鼠静静地坐在山顶上，沉浸在静谧和满足之中。

人生哲理

无限风光在险峰！不经历风雨怎么能见彩虹！不经历千难万险是不会换取真正的幸福的。

牧羊人和野山羊

天黑了，牧羊人把羊群从牧场赶回家时，看见里面掺杂着几只不太熟悉的羊，他仔细一看，发现是几只野山羊，于是赶紧把它们赶回家，和自己的羊关在一起过夜。

隔日下大雪，他不能把羊群赶到外面去，只好让它们住在羊栏里。他给自己的羊的饲料只能勉强充饥，而对几只外来的野山羊，他给的饲料却特别多，目的是想诱使它们留下来，成为他自己的羊。

过了几天雪化了，他把全部的羊都赶到外面草地上去。但是一到野外，几只野山羊一下子就跑到山里去了。牧羊人忍不住破口大骂，说它们忘恩负义。

有一头野山羊转身对他说："昨天你对我们比对你养了那么长时间的羊还好，很明显，如果有另外的羊来跟你，你也会对它们比对我们更好的。"

人生哲理

小恩小惠虽然可以增进感情，但在大是大非面前，却只能蒙骗那些没有头脑的人。所以，要想真正留住别人的心，不能仅靠小恩小惠，更需要真诚地付出。

团结的力量

羚羊、老鼠、乌鸦和乌龟，它们生活在一起，组成了一个小集体。羚羊头脑简单，当它独自游玩时遇到了一只猎狗，被猎狗逼进了猎人设的陷阱里。到了吃饭的时候，还不见羚羊回家，聪明的老鼠对另外两位说："怎么回事，今天只有我们三个在一起用餐，难道羚羊已经忘掉了我们弟兄，还是它遇到了什么麻烦？"

听了这话，最爱大惊小怪的乌龟马上伸长脖子喊了起来："哎呀，乌鸦赶快动身，看看到底在什么地方出了事情？"

乌鸦最讲义气，马上放下餐具展翅高飞。它从空中看到莽撞的羚羊正在陷阱里徒劳地挣扎。乌鸦马上回来向老鼠和乌龟做了报告。三位朋友最后一致作出决定：马上前往羚羊出事的地点。

乌鸦和老鼠马上出发去救那只可怜的羚羊。乌龟十分想迅速前往出事的地方，只可惜自己的脚短，还背着个沉重的包袱，于是它就在后面慢慢地赶来。

当老鼠咬断了陷阱里的网结时，猎人赶到了。他厉声喝问："谁把我的猎物放跑了？"老鼠闻声马上躲进了洞里，乌鸦则飞到了树上，羚羊也消失在树林丛中。倒霉的乌龟刚刚赶到这里，遇上了气得要命的猎人，结果被抓到一个袋子里。

三个伙伴又要拯救乌龟了。羚羊故意从躲藏的地方走出来，假装瘸腿出现在猎人的面前，引诱猎人去跟踪它。猎人将沉甸甸的口袋扔到路旁追羚羊去了。这时候，老鼠趁机把扎紧口袋的绳结咬断，救下了被猎人打算当晚餐的乌龟。

人生哲理

俗话说："三个臭皮匠，顶个诸葛亮。"团结就是力量。乌龟、羚羊、乌鸦和老鼠单独看来，谁都不堪一击，但是组合起来就是一个优秀的团队。缺乏合作精神，往往是失败的主要原因。

聪明的狐狸

狐狸是动物世界里不大不小的家伙，它没有雄狮的力量，也没有骏马的速度，更没有苍鹰的翅膀，可这个家伙却生活得很好，因为它有比别的动物更聪明的大脑。狐狸在森林中遇到老虎，想逃已不可能。便大着胆子走上前，对老虎说："你敢吃我吗？我是上帝派来管理百兽的。"老虎根本不信。狐狸说："你跟在我后面，一看便知！"老虎好奇地跟着狐狸。森林中的百兽见老虎来了，四处逃窜。"怎么样，老虎，我没骗你吧！"狐狸得意地说。老虎信以为真，放了狐狸。

人生哲理

面对强大对手的挑战，不要惊慌，应冷静分析对方的特点，以其为突破口，说不定能找到解决的方法。所以，一定要具有化解危机的能力和头脑，这样才不致将自己置于被动和危险之中。

高贵的喜鹊

一只喜鹊在一棵高大的树上筑了一个坚实、漂亮、温暖的巢，它和它的老婆孩子幸福地生活在里面。寒冬来临了，狂风呼啸，异乎寻常的猛烈。喜鹊的巢被暴风吹落在地，摔坏了。喜鹊和它的妻子立即行动，重新修筑。但是狂风不住，大地冰封，要找到筑巢的泥几乎是不可能的。它想用自己的唾液去和泥，可连土都被冻上了。麻雀说："你还是先在农人的草垛里躲躲吧，等风停了雪住了再说。"喜鹊看了看农人那丑陋肮脏的柴草堆，撇撇嘴，不屑一顾地说："我高贵的喜鹊，怎能住这丑陋的草垛，怎能与你这下贱的麻雀挤在一块儿呢？"

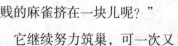

它继续努力筑巢，可一次又一次被风吹坏，最后，能量耗尽的喜鹊被冻死在寒风中。

人生哲理

喜鹊用它的"高贵"换来了死亡，值得吗？在危机面前一定要保持理智，不能逞一时之勇，能屈能伸、随机应变才能成大事。

猴子现巧遭祸

这座山飞瀑流泉，树木繁茂，风景十分秀丽。每年春天过后，满山遍野都长着野果。说不清是什么年月，一群猴子来到这山上安家落户，从此以后，一直过着不愁温饱、悠然自得的生活。

有一天，吴王带着随从乘船在江上游玩，当他在江两岸的奇山异峰中发现这风景秀丽的猴山时，感到异常兴奋。吴王令随从在猴山脚下泊船，带领他们下船登山。

山上的猴子们往日的平和与宁静，突然被这么多上山来的人打破了。猴子们面面相觑，吓得惊慌失措四下逃走，躲进荆棘深处不敢出来。

　　有一只猴却与众不同，它从容自得地停留在原地，一会儿抓耳挠腮，一会儿手舞足蹈，满不在乎地在吴王面前卖弄着它的灵巧。吴王拉开弓，用箭射它，这只猴子并不害怕，吴王射过去的箭都被它敏捷地抓住了。吴王有些气恼，便命令随从一起去追射这只猴子。面对这么多人射过去的箭，猴子难以招架，很快就被乱箭射死。

　　吴王回头对他的随从们说："这个猴子，倚仗自己的灵巧，不顾场合地卖弄自己，以至于就这样丢掉了自己的性命，真是可悲。你们要引以为戒，千万不要恃才傲物，在人前显示和卖弄自己的雕虫小技。"

人生哲理

　　藏而不露是智人之举。有了一点点小本事就喜欢卖弄的人只会弄巧成拙，被人笑话，最后以失败告终。

人云亦云的八哥

　　一群喜鹊在树上筑了巢，在里面养育了喜鹊宝宝。它们天天寻找食物、抚育宝宝，过着辛勤的生活。在离它们不远的地方，住着好多八哥。这些八哥平时总爱学喜鹊们说话，没事就爱乱起哄。

　　喜鹊的巢建在树顶上的树枝间，靠树枝托着。风一吹，树摇晃起来，巢便跟着一起摇来摆去。每当起风的时候，喜鹊总是一边护着自己的小宝宝，一边担心地想：风啊，可别再刮了吧，不然把巢吹到了地上，摔着了宝宝可怎么办啊，我们也就无家可归了呀。八哥们则不在树上做窝，它们生活在山洞里，一点都不怕风。

　　有一次，一只老虎从灌木丛中窜出来觅食。它瞪大一双眼睛，高声吼叫起来，直吼得地动山摇、草木震颤。

　　喜鹊的巢被老虎这么一吼，又随着树剧烈地摇动起来。喜鹊们害怕极了，却又想不出办法，就只好聚集在一起，站在树上大声嚷叫："不得了了，不得了了，老虎来了，这可怎么办哪！不好了，不好了……"

　　附近的八哥听到喜鹊们叫得热闹，不禁又想学了，它们从山洞里钻出来，不管三七二十一也扯开嗓子乱叫："不好了，不好了，老虎来了……"

　　这时候，一只寒鸦经过，听到一片吵闹之声，就过来看个究竟。它好奇地问喜鹊说："老虎是在地上行走的动物，你们却在天上飞，它能把你们怎么样呢，你们为什么要这么大声嚷叫？"喜鹊回答："老虎大声吼叫引起了风，我们怕风会把我们的巢吹掉了。"

　　寒鸦又回头去问八哥，八哥无以作答。寒鸦笑了，说道：

"喜鹊因为在树上筑巢，所以害怕风吹，畏惧老虎。可是你们住在山洞里，跟老虎完全井水不犯河水，一点利害关系也没有，为什么也要跟着乱叫呢？"

人生哲理

八哥一点儿主见也没有，只懂随波逐流、人云亦云，也不管对不对，以至于闹出笑话。我们做人也是一样，一定要独立思考，自己拿主意，不盲目附和别人。听取别人意见和人云亦云有着本质的不同。

得意忘形的老虎

从前有一个农夫，他的地在一片芦苇的旁边。那芦苇地里常常有野兽出没，他担心自己的庄稼被野兽毁坏了，总是拿着弓箭到庄稼地和芦苇地交界的地方去巡视。

这一天，农夫又来到田边看护庄稼。一天下来，没有什么事情发生，平平安安地到了黄昏时分。农夫见还安全，又感到确实有些累了，就坐在芦苇地边休息。

忽然，他发现芦苇丛中的芦花纷纷扬起，在空中飘来飘去。他不禁感到十分疑惑："奇怪，这会儿没有一丝风，芦花怎么会飞起来的呢？也许是苇丛中来了什么野兽吧。"

这么想着，农夫提高了警惕，站起身来一个劲地向苇丛中张望，观察是什么东西隐蔽在那里。过了好一会儿，他才看清

原来是一只老虎，只见它蹦蹦跳跳的，时而摇摇脑袋，时而晃晃尾巴，看上去好像高兴地不得了。

老虎为什么这么撒欢呢？农夫想了想，认为它一定是捕捉到什么猎物了。得意忘形的老虎，完全忘了注意周围会有什么危险，屡次从苇丛中跳起，将自己的身体暴露在农夫的视线里。

农夫悄悄藏好，用弓箭瞄准了老虎现身的地方，趁它又一次跃起，脱离了苇丛的隐蔽的时候，一箭射过去，老虎立刻发出一声凄厉的叫声，扑倒在苇丛里。农夫过去一看，老虎前胸插着箭，身下还压着一只死獐子。

人生哲理

人生在世，千万不要被一时的胜利冲昏了头脑，一定要谨慎从事，否则，就会留下隐患。

西蜀和尚

从前西蜀有两个和尚，其中一个很有钱，过着衣食无忧的日子；另一个很穷，每天除了念经，还得到外面去化缘，日子过得很清苦。有一天，穷和尚对富和尚说："我很想到南海去拜佛，求取佛经，你看如何？"富和尚说："路途那么遥远，你怎么去？"穷和尚说："我只要有一个钵、一个水瓶、两条腿就够了。"富和尚听了哈哈大笑，说："我想去南海想了好几年，一直没成行，原因就是旅费不够。我都去不成了，你又怎么去得成？"过了一年，穷和尚取经回来，他还从南海带了一本佛经送给富和尚。富和尚惭愧得面红耳赤，一句话也说不出来。

人生哲理

态度决定一切！在困难面前，是停下来，还是坚持不懈，执着追求？区别仅仅在于一步，风景却大不相同。

大树和芦苇

湖边长着一棵粗壮的大树，大树周围生活着一些矮小瘦弱的芦苇。大树根底深厚，枝繁叶茂，经常炫耀自己的强壮，讥笑瘦小的芦苇，说它们永远生活在自己的树荫下，永远无法体会自由舒展的快乐，永远没法看到远方的风帆，芦苇们总是默默地一声不语。

有一天下起了暴雨，天空中电闪雷鸣，狂风呼呼地刮着，把湖水吹起很高的浪，大树的有些枝条也被吹断了。风越刮越大，不停地摇撼着大树，到最后，在狂风暴雨和巨浪的合力进攻下，只听见轰的一声巨响，大树被刮倒了。

雨过天晴，躺在湖边的大树异常悲伤，它看见弱小的芦苇没受一点损伤，便问芦苇：“为什么我这么粗壮都被风刮断了，而纤细、软弱的你什么事也没有呢？”芦苇回答说：“我们感觉到自己的软弱无力，便低下头给风让路，避免了狂风的冲击；你却仗着自己的粗壮有力，拼命抵抗，结果被狂风刮断了。”

> **人生哲理**
>
> 大树倒下了，而芦苇却得以存活下来，是因为大树不够强大吗？不是，是因为它太强大了，大树是被自己的强大所牵制。人应该懂得适时地低头示弱，否则容易木强则折。

参见皇帝

甲、乙、丙小时候是很好的玩伴，他们互相约好：谁以后飞黄腾达了，一定要帮助另外的两个。他们长大后各谋职业，甲做了皇帝，乙是个读书人，丙是一介布衣。

乙和丙听说甲做了皇帝，又想起儿时的誓约，于是就去投靠他。乙一看见甲就跟以前一样直呼他的乳名，还对他说：“我

们小时候经常在一起玩泥巴，光着身子在水里游泳，有一次还捉到了个螃蟹，一起煮着吃呢，最后把煮螃蟹的瓦罐摔破了才吃到螃蟹，我们约定以后谁发达了都要帮助另外两个人，现在你做皇帝了，一定可以封我一个大官吧？"做皇帝的甲听他这么说心里很不高兴，随便编了个理由把他押到大牢里去了。

丙见了甲，还没到甲身边就跪礼说："皇帝陛下，还记得小时候我们一起征服那个水场吗？我们用计谋，打破罐将军，活捉了蟹元帅，是何等威风，何等潇洒，而今您是威武不减当年啊！"甲听丙这么说，心里特别高兴，当即给丙封了一个二品的官。

人生哲理

跟什么样的人交流，就要讲什么样的话，说话场合不同，表达方式也要作调整。

三个手艺人

敌军兵临城下，情势危急，城中的居民们聚在一起，共同商议对抗敌人的办法。大家一致认为城中的手艺人有着丰富的经验，因此选了三个手艺人，一个砌匠，一个木匠，一个皮匠，作为他们的首领，领导大家共同抗击敌人，保卫城池。

于是，三个手艺人坐在一起开始商量退敌之策，砌匠首先挺身而出，主张用砖块作为抵御材料，因为砖块既可以使城池坚固，又可以作为打击敌人的利器。木匠毅然提议用木头来抗敌，并认为这是最佳的方法。皮匠站起来说："先生们，我不同意你们的意见。我认为作为抵御材料，没有一样东西比皮更好。"

三人各执己见，相持不下，但敌人的炮火已经攻开了城门。

人生哲理

在思考问题和采取行动的时候，人们总是从自己的习惯出发，受思维定式的影响，慢慢地成了习惯的奴隶。

鹬蚌相争

有一天，一只大蚌慢慢地爬上河滩，张开两扇椭圆形的蚌壳，舒舒服服地躺在那里晒太阳。这时候，一只鹬鸟正顺着河沿觅食。它那又尖又长的利嘴，一会儿啄住一条小鱼，一会儿吞下一只水虫。当看到大蚌裸露的嫩肉时，它馋极了，用尖嘴猛地啄去。大蚌遭到突然袭击，吃了一惊，"啪"的一声合拢甲壳，像一把铁钳紧紧夹住了鹬鸟的嘴巴。

鹬鸟死死地咬住蚌肉，大蚌紧紧地钳着鹬嘴，谁也不肯松口。鹬鸟威胁说："今天不下雨，明天不下雨，你就会干死在河滩上！"大蚌也不示弱，回击说："你的嘴今天拔不出来，明天拔不出来，你就会饿死在沙滩上！"鹬鸟和大蚌就这样你咬着我，我钳住你，谁也不肯相让，谁也没法解脱。这时候，有一个渔翁来到河滩，看见鹬蚌相争的场面，就毫不费力地把鹬鸟和大蚌一起捉走了。

> **人生哲理**
>
> "鹬蚌相争，渔翁得利"。很明显，竞争双方相持不下，必然会两败俱伤，这时获利的只能是第三方。

燕子的忠告

一只燕子在飞行途中学到了不少的知识。播种的春季里，它看到农民在耕种，便对附近的小鸟说："我看到了潜在的危险，我很同情你们。因为面对危险，我可以远远地躲开，到安宁的地方生活。可你们不行，你们没有高飞的翅膀，不能离开熟悉的故土。你们看，那些在空中挥动的手撒下了种子。用不了多久，这些手就会拿着捕捉你们的工具出现。你们不是身陷鸟笼就是等下油锅！所以请你们赶快把那些该死的种子全吃掉。"

小鸟们觉得燕子说的疯话十分可笑，因为大田里可吃的东西太多了，区区小种子值得劳神吃吗？转眼间，大田里长出了绿苗，燕子着急地对小鸟说："趁还没有结出可恶的果实，赶紧把这些苗统统啄掉。"

鸟儿不耐烦听它的预报，嚷嚷道："要知道，这种事没有上千只鸟是做不了的！"庄稼就要成熟了。燕子痛心疾首地来相告："可怕的日子就要来到，一旦收割完庄稼，秋闲下来的农民将拿你们开刀，等着你们的是捕鸟的夹子和灼热的油锅。你们最好待在家里别乱跑，要么学候鸟飞到温暖的南方，可你们短小的翅膀又不能帮助你们越过沙漠和海洋。所以，你们最好找些隐蔽的墙洞躲起来。"

小鸟把燕子的忠告全当了耳边风，于是悲剧发生了。

人生哲理

良药苦口利于病，忠言逆耳利于行。不愿意听从忠告的人，他们的虚骄自大就是自己灭亡的根源。

农妇赶集

农妇家里养了几十只鸡，由于喂养得当，每只鸡都要下很多蛋，很快她就积攒了许多鸡蛋。听说邻村的集市上鸡蛋的价格很高，她就想拿自家的鸡蛋到市场上出售。

该用什么东西来装这些鸡蛋呢？她找到一个很大的篮子，心想这下好了，一次就可以全装进去。于是她把所有的鸡蛋全放到了篮子里面。正要出去时，她丈夫看见了，建议她换小点的篮子多装几次。农妇不以为然，她想，这篮鸡蛋才有多重，去年秋天，自己还背过比这更沉的东西呢。她丝毫也不理会丈夫的建议，提起篮子出发了。

谁知这个篮子好长时间不用，许多地方的藤条已经快断掉了，哪里承受得了这么多鸡蛋的重压。经她这么猛地一提，篮子的底部一下子就豁开了，所有的鸡蛋都掉在了地上，全都摔碎了。

人生哲理

对于别人的建议应仔细考虑；行动不能仅凭经验主义，而应根据变化而变化。

核桃和墙壁

一天，一只耳号鸟把一颗核桃带上了钟楼。这只鸟用爪子踩着核桃，三番五次地啄着，想要打开它的硬壳去啄食里面香嫩的果肉。这时核桃突然滚进墙缝里，不见了。

可是，鸟儿还是守在那里，等待墙壁把坚硬的核桃抛出来。核桃看见自己的命运还不确定，便可怜巴巴地说："好墙壁，你被建造得这么结实和高大，厚厚的，真是上帝派来救我的。

你救救我吧！可怜可怜我吧！"

耳号鸟"呱呱"地警告墙壁："你可要当心点啊，核桃可是个危险人物。"

墙轻蔑地说："危险吗？我看它不堪一击呢！我们不用和这个小人物过不去吧！"它决定发善心把核桃留下来。耳号鸟失望地飞走了。

过了些日子，核桃裂开了嘴，长出根来，须根四处延伸，枝叶也从墙缝中伸展出去。核桃长得那么迅速，不久就长到钟楼上。它的粗壮有力的根毁坏了墙壁，墙壁意识到核桃的厉害时，为时已晚。核桃树还在长，它毫不动摇，长得结实有力，而墙壁却倾斜倒塌了。

人生哲理

小祸患会发展成大危机。墙壁对自己的实力过于自信，对一个外来因素——核桃，过于忽视。它保全了核桃，但是最终被核桃弄得四分五裂。

农妇剪羊毛

有一个农妇，生活非常节俭。到了剪羊毛的季节，农妇想，我自己来剪吧，这样可以省不少钱。她以前没有剪过羊毛，根本不知道该怎么去剪，但她根本不在意这些，竟然连毛带肉都给剪下来了。

羊痛得边挣扎边说："主人，你怎么能这样伤害我呢？我的血和肉并不能增加羊毛的重量呀？如果你要我的肉的话，可以让屠夫来杀死我；如果想要我的毛，剪毛匠会很熟练地剪下我的毛，而不使我痛苦，你也能增加收入啊。"

人生哲理

　　努力一定会有结果，但未必都是好结果。更努力地工作并不能代替一个聪明的选择和操作，正如大卫·梭罗所言："忙并不能说明什么，蚂蚁也很忙，问题是我们究竟忙什么？"

墨子看染丝

　　墨子在经过一家染坊时，看见工匠们将雪白的丝织品分别放进热气腾腾的染缸里，浸泡良久后取出，晾晒后就变成不同颜色的织物了。

墨子观察了染丝的全过程后，顿有所悟，不觉长叹一声，自言自语地说："本来都是雪白的丝织品，而今放到青色颜料的染缸里浸泡后就变成了青色，放到黄色颜料的染缸里浸泡后就变成了黄色。所用的颜料不同，染出来的颜色也随之不同。人何尝不是一样，在不同的环境里，受到的影响是不同的。"

人生哲理

俗话说，"近朱者赤，近墨者黑"。同染丝的道理一样，我们往往能够通过一个人所交往的人和他所处的环境，就可以大致判断出他的生活习惯和思维方式。

狮子战牛虻

狮子与老虎打架打赢了，便得意扬扬地往回走。路上，遇见一只牛虻在眼前晃动。狮子勃然大怒，咆哮道："滚蛋！你这不足挂齿的小虫！牛虻被激怒了。这个体形虽小，但是极具自尊心的小虫子向它发起了袭击。"

"你以为你号称是百兽之王我就会怕你吗？蛮牛比你有力气都任由我摆布。"说着话牛虻扑扇着翅膀，发出嗡嗡声，然后摆开架式，对准狮子的脖子一头扎了下去。牛虻还吹动战斗的号角不断招呼同类来进攻森林之王。狮子气得发疯，它四爪乱舞、眼露凶光、唾沫四溅、声声怒吼，把百兽吓得魂不附体，逃之夭夭。

小小牛虻才战了百十个回合，狮子浑身上下就连鼻孔都遭受到袭击。它真是怒火万丈，用尖牙利爪把自己撕得遍体鳞伤，用尾巴把它的身体抽打得山响，可是除了在身上留下更大的伤疤之外，每一下都扑了空。愤怒疲惫的狮子终于无力地瘫倒在地。此时，小小的牛虻高兴地笑了，它鸣金收兵，凯旋回朝。

一路上，牛虻到处夸耀自己的战果，却不料蜘蛛张网正在路上等待这个狂妄的小家伙。

人生哲理

轻敌会让你与胜利失之交臂。能够战胜强大对手的人，却有可能会因小小的失误葬送自己的前程。

可怜的小猫头鹰

暮色降临了，沉睡了一天的猫头鹰开始在林中盘旋，暗中搜寻着猎物。

一只强壮的大灰兔跳到林中的草地上，开始梳理脸上的毛。它是那么的壮硕，以至于根本不怕暗中的危机。老猫头鹰看了大灰兔一眼，还是安静地停在树枝上。跃跃欲试的小猫头鹰说："你怎么连兔子也不去捉呀？"

老猫头鹰说："我力不从心呀！这只灰兔太大了，你要是抓住它，它会把你拖进密林里去的。"

没有经验的小猫头鹰故作聪明地说："我用一只爪子抓住

它不放，同时用另一只爪子迅速握住树枝。"老猫头鹰还没有来得及教训它，小猫头鹰已经飞过去捉野兔了。它果真用一只爪子紧紧抓住兔子的后背，连爪子都扎了进去；同时准备好用另一只爪子去抓树。兔子一挣扎，它就用另一只爪子抓住了树，心里得意地想："你跑不了啦！可是肥硕的兔子猛地一冲，可怜的小猫头鹰便被撕成了两半。它的一只爪子留在树上，另一只留在兔子的后背上。老猫头鹰为后辈滴下同情的眼泪。

人生哲理

俗话说："不听老人言，吃亏在眼前。"长者的能力虽然不一定比年轻人强，但是他毕竟具有年轻人不具备的经验，更明白在突发事件到来时，该怎样处理才恰到好处。

给猫挂铃铛

谷仓里老鼠深受猫的侵袭和追捕，感到十分苦恼。于是，它们在一起开会，商量用什么办法对付猫的骚扰，以求平安。

会上，众鼠仁者见仁，智者见智，提出了各种方法，但都被一一否决。最后，一只小老鼠提议说在猫的脖子上挂个铃铛，只要猫一活动，铃铛就会响，这便给老鼠们报了警，大伙就有时间逃跑。大家对它的建议报以热烈的掌声，并一致通过。

有一只年老的老鼠坐在一旁，一声没吭。最后，它站起来说："这个办法是非常绝妙，但有一个小问题需要解决，那就是派谁

去把铃铛挂在猫的脖子上？"

众鼠面面相觑，谁都没有这个胆量去冒这个险，美妙的设想最后落了空。

> ## 人生哲理
>
> 正确的战略战术和周密实际的作战计划，不是人们头脑里空想出来的，而是根据实际情况，通过科学的分析、归纳、总结制订出来的。空想对于未来的发展没有任何意义。

贪心的蜈蚣

据说上帝在创造蜈蚣时，并没有为它造脚，但是它仍可以爬得和蛇一样快速。有一天，它看到羚羊、梅花鹿和其他有脚的动物都跑得比它还快，心里很不高兴，便嫉妒地说："脚越多，当然跑得越快。"

于是，它向上帝祷告说："上帝啊！我希望拥有比其他动物多得多的脚。"上帝答应了蜈蚣的请求。就把好多好多脚放在蜈蚣面前，任凭它自由取用。

蜈蚣迫不及待地拿起这些脚，一只一只贴到身上，从头一直贴到尾，直到再也没有地方可贴了，它才依依不舍地停止。

它心满意足地看着满身是脚的自己，心中暗暗窃喜："现在我可以像箭一样飞出去了！"但是，等它一开始要跑步时，才发觉自己完全无法控制这些脚。这些脚噼里啪啦地各走各的，它非得全神贯注，才能使一大堆脚不致互相跌绊而顺利地往前走。这样一来，它走得比以前更慢了。

人生哲理

当欲望产生时，再大的胃口都无法填满。然而，贪多的结果真的是最好的吗？学习接纳自己、欣赏自己，使我们能从欲念的无底深渊中得到释放与自由。

两只桶

街上滚过两只桶，一只桶装满了酒，一只桶什么也没装，肚内空空。酒桶慢吞吞地滚着，一路上一声不响。空桶滚得飞快，蹦蹦跳跳，横冲直撞。不仅扬起高高的尘土，而且轰隆隆地仿若雷鸣。

但无论空桶叫嚷得多么厉害，它的肚子还是空空的。

人生哲理

腹内空空的人特别擅长夸夸其谈、哗众取宠。

猎人的网

有一天猎人在河边洗澡,看见不远处有个渔夫在撒网捕鱼,而且没过多久就见渔夫捞上来很多鱼,猎人顿时茅塞顿开,心想,我要是造一张像这样的网就可以一下子捕到很多猎物了。

猎人回到家,一直都处在兴奋中,没用几天的时间就造了一张大网。他很想试试他的新发明是否能起到作用,第二天就背着这张网去山上了。果真像猎人想的那样,大网能捕到很多猎物,可是过一会动物就用自己的牙齿咬开网,四散逃走了。最后,猎人一个猎物都没有得到,只有一张被咬得千疮百孔的破网。

人生哲理

借鉴经验不等于盲目照搬!所以,我们在学习别人时,应该有所选择,有所思考,看看别人的方法和自己的实际情况是否能够结合,这样才可以充分吸取别人的经验,为己所用。

你自己最伟大

一个小老鼠从一间房子里爬出来,看到高悬在空中、放射着万丈光芒的太阳。它禁不住说:"太阳公公,你真是太伟大了!"

太阳说:"待会儿乌云姐姐出来,你就看不见我了。"一会儿,乌云出来了,遮住了太阳。

小老鼠又对乌云说："乌云姐姐，你真是太伟大了，连太阳都被你遮住了。"云却说："风姑娘一来，你就明白谁最伟大了。"一阵狂风吹过，云消雾散，一片晴空。小老鼠情不自禁道："风姑娘，你是世界上最伟大的了。"风姑娘有些悲伤地说："你看前面那堵墙，我都吹不过呀！"小老鼠爬到墙边，十分景仰地说："墙大哥，你真是世界上最伟大的了。"墙皱皱眉，十分悲伤地说："你自己才是最伟大的呀，你看，我马上就要倒了，就是因为你的兄弟在我下面钻了好多的洞啊！"

果真，墙摇摇欲坠，墙角跑出了一只只的小老鼠。

人生哲理

我们每一个人都是唯一的。所以，要正确认识自己的价值，对自己充满自信，不断发挥自身的潜力，才能将我们生存的意义充分发挥出来。

鲷鱼和蝾螺

一只鲷鱼和一只蝾螺在海中，蝾螺有着坚硬的外壳，鲷鱼在一旁赞叹说"蝾螺啊！你真是了不起！一身坚强的外壳一定没人伤得了你。"蝾螺也觉得鲷鱼所言不差，正得意扬扬的时候，突然鲷鱼发现敌人来了，鲷鱼说："你有坚硬的外壳，而我没有，我只能用眼睛看得更清楚，判断危险从哪个方向来，然后，决定能够怎么逃走。"说着，迅速游走了。此时此刻，蝾螺心里正在想，我有这么一身坚固的防护甲，没有人能够伤得了我，我还怕什么呢？便安静地等着。蝾螺等呀等，等了好长一段时间，也睡了好一阵子了，心里想：危险应该早已经过去了吧！于是探出头透透气，等它一冒出头，立刻被敌人捕到了。

人生哲理

　　过分封闭自己或者自我膨胀，就会失去自我成长的机会，自陷危险而不自知。

虚度光阴的蝈蝈

　　冬天里的一个大晴天，一群蚂蚁正忙着在太阳下晾晒它们夏天收集来的麦子。有一只饥饿的蝈蝈打这里经过，乞求蚂蚁送一点吃的给它。

　　蚂蚁问它说："你夏天为什么不积存一些吃的，以备冬天

所需呢？"

蝈蝈回答说："我那时候一点时间都没有，我每天都在忙着唱歌，所以……"蚂蚁听了以后，嘲笑它说："如果你整个夏天都在唱歌，那么冬天你就饿着肚子跳舞去吧，这是你为自己虚度时日所付出的代价。"蝈蝈听了蚂蚁的话，悔恨不已。

> **人生哲理**
>
> 时间对于每个人都是公平的，只是由于使用态度和方式不同，才会出现不同的结果。

驴的哲学

有一天，农夫的驴子不小心掉进一口枯井里，农夫绞尽脑汁想救出驴子，但几个小时过去了，驴子还在井里痛苦地哀嚎着。

最后，农夫决定放弃，他想，这头驴子年纪大了，不值得大费周章去把它救出来，不过无论如何，这口井还是得填起来。于是农夫便请来左邻右舍帮忙一起将井中的驴子埋了，以免除它的痛苦。邻居们人手一把铲子，开始将泥土铲进枯井中。当这头驴子了解到自己的处境时，刚开始哭得很凄惨，但出人意料的是，一会儿之后这头驴子就安静下来了。农夫好奇地探头往井底一看，出现在眼前的景象令他大吃一惊：当铲进井里的泥土落在驴子的背部时，驴子立即将泥土抖落在一旁，然后站到铲进的泥土堆上面！

就这样，驴子将大家铲倒在它身上的泥土全数抖落在井底，然后再站上去。很快地，这只驴子便得意地上升到井口，然后在众人惊讶的表情中快步地跑开了！

人生哲理

在生命的旅程中，我们难免会陷入"枯井"里，会遭遇"泥沙"埋身。而从"枯井"中脱身的唯一方法就是将"泥沙"抖落掉，然后站到上面去！

死海

很久以前，有许多河流注入死海，所以死海的水位不断地上涨。由于有活水流入，死海也显得生机勃勃。可是它却感到十分恼火，因为它觉得自己的海水原本是甘甜可口的，就是由于这些河流的汇入，才使水里盐的浓度增加，所以它就对这些河流抱怨道："我的水本是甘甜可口的，是你们将它变成咸涩而不可饮用的水的。"

河流知道它是有意来责难的，便说："那我们从此以后就再也不流到你这里来了，你也就不会变咸了。"

就这样，以前流向死海的河流都改道了，可是死海的水非但没有因此而变得甘甜可口，反而更咸了。更为致命的是，由于没有河流的不断注入，死海的水位开始下降。这时它才明白，是那些让它生气的河流给予了自己生命，可是为时已晚。

> **人生哲理**
>
> 海纳百川，有容乃大，当死海拒绝了为它汇聚活水的溪流时，它也就选择了沉寂。

钓鱼

有个人和几个朋友去海滨旅行，行程中有钓鱼这项安排，于是几个朋友一起去购买钓具。商场里，这个人坚持要买一根重型的钓鱼竿和线轴。朋友们开玩笑说道："你是打算钓一条鲸鱼吧？"

他笑一笑，并不理会这些听起来打击他信心的玩笑。

不久他们来到了海滨，一个朋友的渔线被挣断了，那人抱怨说他应该准备重一些的钓具。

很快，这个人的线被拉紧了，是一条大鱼！半个小时后，他把战利品拖上了船。

人生哲理

如果你想钓一条大鱼，那你要先准备好钓大鱼的工具。

恃胜失备

有一个人碰到一个强盗，他们格斗起来。二人各举刀枪，刚要交锋，强盗把事先含在嘴里的满腔口水突然喷到这个人脸上。这人蓦然一惊，刹那间，强盗的刀尖已刺进了他的胸膛。

后来，有一个壮士又碰到了这个强盗。壮士早已经知道强盗喷水的花招。那强盗果然故技重演，他口里的水刚喷出，壮士的长枪已经刺穿了他的脖子。

强盗的这种办法过去用过了，秘密已经泄露，他还想依赖这一套侥幸取胜的办法，结果失去了戒备，反而受了它的祸害。

人生哲理

故技重演，别人自会有所准备。如果自恃聪明，不加防备，其结果肯定是必败无疑，反受其害。

一只眼的鹿

有头来自干枯草地的瞎了一只眼睛的鹿，越过沙漠，经过长途跋涉，来到海边吃草。海边的草真多真绿啊，但是它还是很担心有敌人来进攻，惯有的警惕性让它没法完全松弛下来。于是它用那只好的眼睛注视着陆地，防备猎人的攻击，而用瞎了的那只眼对着大海，它认为海那边不会发生什么危险。

不料正好有人乘船从海上经过这块草地，又正好看见了这头鹿，于是一箭就把它射倒了。它将要咽气的时候，自言自语地说："我真是不幸，我防范着陆地那面，而我所信赖的海这面却给我带来了灾难。"

人生哲理

事实常常与我们的预料相反，以为是危险的事情却很安全，相信是安全的却更危险。所以，如果不经过仔细考量，不通过实地的考察就草率地下结论，往往会给自己造成伤害。

刺猬取暖

森林中有十几只刺猬冻得直发抖。为了取暖，它们只好紧紧地靠在一起，却因为忍受不了彼此的长刺，很快就各自跑开了。

可是天气实在太冷了，它们又想要聚在一起取暖，然而靠

在一起时的刺痛使它们又不得不再
度分开。就这样反反复复地分了
又聚，聚了又分，不断在受冻
与受刺两种痛苦之间挣扎。
最后，刺猬们终于找到了一
个适中的距离，既可以相互
取暖而又不至于被彼此刺伤。

人生哲理

　　在人际交往中，距离是一种美，也是一种保护。有距离，
彼此就会尊重对方，就不会因发生碰撞而彼此伤害。

不材之木

　　一个很有名的木匠带徒弟们寻找适合造船的木材。当走到
一座庙宇附近的时候，看见在土地庙旁，长着一株参天大树。
这棵树的树荫可以遮盖几千头牛，树身有百尺粗，树干一直越
过山头，还有枝叶，光是可以用来造船的旁枝就有十几枝。在
庙旁，许多人都在围观这棵巨树。

　　但令徒弟们感到奇怪的是，师傅竟然视而不见，对这棵巨
树不屑一顾，仍不停脚地往前赶路。徒弟们十分疑惑，不明白
师傅的意思，就追着师傅问道："自从我们跟着您走南闯北学
手艺以来，还从没有碰见这样好的木材，可您为什么看也不看

它呢？”

师傅说：“你们不要再夸那棵树了，它是棵脆而不坚的树木，如果用来造船的话，会沉；如果做棺材，会很快腐烂，即使制成柱子也会被虫蛀……

“可是，它确实是一棵少有的巨树啊！”徒弟们惊叹道。

“是啊！正因为它不能用来做任何东西，所以才长得这么大，有这么长的寿命！”师傅慢慢地说。

人生哲理

做事情的时候，不能被表面现象所迷惑，要透过现象看本质，否则，就会作出错误的判断。

惊弓之鸟

魏国有一个有名的射手叫更羸。一天，更羸与魏王在高台下面，看见天上有一只鸟正飞过来，更羸对魏王说：“大王，我可以不用箭，只要把弓拉一下，就能把天上飞着的鸟射下来。”魏王有点不相信地问：“难道你射箭的本领可以达到这样的地步？”更羸说道：“可以。”

只见更羸一手托着弓，另一只手拉了一下弦，那大雁便应声从空中掉了下来。魏王看到后大吃一惊，说道：“射鸟的本领竟然能达到这样的地步！”更羸笑着对魏王讲：“没什么，这是一只受过箭伤的鸟。”魏王不解地问：“你是怎么知道的呢？"更羸继续对魏王说："这只大雁飞得很慢，叫声悲惨。飞得慢，是因为它旧伤口作痛；叫声悲惨，说明它离开群雁很久了。它旧伤没有痊愈，而害怕的心理还没消失，所以听到弓弦的声响，猛地向上高飞，引起旧伤迸裂，就从空中落了下来。"

人生哲理

渊博的知识，丰富的经验，正确的推理，理智的分析，用这些去认识事物，肯定能达到入木三分的效果。

牧羊人与断角羊

有一天牧羊人把一群山羊赶到绿草如茵的山坡上去吃草。山羊同往常一样各自分散开，埋头吃着青草，而牧羊人则躺在一棵大树底下，吹奏他心爱的笛子。

中午时分，牧羊人从一只小布袋里取出面包和奶酪，吃饱了肚子，又走到清泉边喝足了水，然后躺下睡觉。

牧羊人醒来时，太阳快要下山了。他赶紧爬起来吆喝着，把分散的一只只山羊召集起来。可是数来数去总是少一只。最后，他看见那只掉队的山羊站在一块高耸大岩石上。牧羊人冲着它吹了一声口哨，可是那只山羊就像没有听见一样。

牧羊人不禁火冒三丈，从地上捡起一块石头朝那只山羊掷去，他只是想吓唬一下那只山羊，让它快点从岩石上下来。没有想到，牧羊人投掷得那样准，那块石头竟击中了山羊的一只角。

也许是他用力太大的缘故，那只角顿时断成了两截。

牧羊人一时不知所措，因为他知道，要是他的主人发现了，肯定会怪罪他没有尽心尽力看管好羊群，不知会怎样惩罚他呢，说不定还会因此把他赶走。

在绝望中，牧羊人央求那只山羊，说："亲爱的山羊，请你帮帮我的忙，不要告诉我的主人你今天的遭遇，要不我就完蛋了！"

"你放心吧，我保证不会告状！"山羊回答说，"但是，我怎么能遮掩得住我的遭遇呢？所有人都会清楚地看到我的一只角断了。"

人生哲理

出了问题，逃避是无济于事的，掩饰、遮盖都是徒劳无功的。针对问题，想一些切实可行的办法，才是解决问题的正确态度。

黄鼠狼的悲哀

大病初愈的黄鼠狼小姐，瘦弱得像一根豆角，又像长条的丝瓜。它从一个小小的墙洞钻进了一个疏于照料的仓库。这里，粮食应有尽有，唯一没有的就是风雨和惊吓。黄鼠狼小姐的生活无忧无虑，不愁吃穿，没多久它已是肥头大耳、大腹便便了。

一个星期过去了，打着饱嗝的黄鼠狼听到了危险的声响，它急忙回到来时的洞口，想逃出去。

但洞口太小，它根本钻不过去。慌乱中，它以为弄错了地方，转着圈说道："不会错的，这洞是我一周前进来的通道。我应该没有搞错啊。老天，我要是出不去，肯定会被逮住的啊。我要是被逮住了，一定会便宜了那只大黄狗的。"

一只老鼠见它纳闷，忙上前告知："刚来时你肚子平平，出入方便，如今要出去只能节食减肥。你当初要是居安思危，就不会有今天的危险了。"

人生哲理

不因成功而冲昏头脑。一味沉浸于享受成功的果实会迷失自我，进而陷入由此而来的致命危机。

蛤蟆夜哭

艾子在海上航行，晚上停泊在一个岛屿附近。半夜时，他听到水底下有哭泣的声音，又像是有人在说话，就认真地听了下去。一个声音说道："昨天龙王下了命令，水中的动物，凡是有尾巴的都必须斩首。我是鳖，因为有尾巴，所以害怕被杀而哭。可你是蛤蟆，没有尾巴，为什么也在哭？"又听到有声音说："我现在是没有尾巴，但是我害怕会追究到我做蝌蚪时的事，因为那时我是有尾巴的！"

人生哲理

横加罪名，株连无辜，必然会导致人人自危，其结果自然会人心惶惶，再也没心思做事了。

杯弓蛇影

从前，有个人碰见自己很要好的一个朋友，就问朋友："最近怎么不到家中做客了。"只听朋友回答说："上次在您家里做客的时候，承蒙您盛情款待，但在您给我敬酒时，我发现杯子中有一条蛇，所以心里感到特别不舒服，喝下去后就病倒了。"

"杯子里怎么会有蛇呢？他想了半天，最后才恍然大悟，原来当时在招待客人的时候，自己客厅的墙壁上挂着一张弓，朋友杯中的蛇大概就是这张弓的影子吧！"

于是，他就邀请朋友再次到家中做客，并在前次招待朋友的地方摆设了酒宴，让朋友还坐在上次坐过的地方。然后就问朋友："您看一下，在您的酒中看到什么了没有？"朋友端起酒杯看了看，惊恐地回答说："跟上次一样啊，酒里面有一条蛇！"

这时，主人就把挂在墙上的弓摘了下来，朋友再看自己的酒，发现酒中的蛇不见了。他一下子就明白了，久治不愈的心病一下子就好了。

人生哲理

疑神疑鬼不但会引起别人的不满，还会使自己丧失信心、失去快乐。疑神疑鬼就是没事找事，其结果多半是制造惊慌。

大王降祸

有一个樵夫走到山间一条水沟边，沟里涨大水，无法过去。他看见旁边有一座神庙，就进去把神像拿出来，横放在水沟上走了过去。随后，又有一个人也走到这里，看见这种情形，连声叹息道："对神像怎么敢这样亵渎呢！"他就把神像扶起来，用自己的衣服把它擦干净，双手捧着，送回到神座上去，拜了几拜才离开。庙里的小鬼对神像说："大王住在这里做神明，享受村里人的祭祀，现在反而被这些无知的人侮辱，为什么不降祸惩罚他们呢？"神像说："那么灾祸应当降到后来的那个人身上。"小鬼不解地说："前一个人用脚践踏大王，再没有比这更严重的侮辱了，却不降灾祸给他。后来的那个人那样敬重大王，反要给他灾祸，这是为什么呢？"神像说："头一个人已经不信神道了，我哪里还敢降灾祸给他呢？"

人生哲理

"欺软怕硬"用在这尊神像身上再恰当不过了。在现实生活中，切忌欺侮亲近自己、敬重自己和爱护自己的人。

掩耳盗铃

春秋时候，晋国贵族智伯灭掉了范氏。有人趁机跑到范氏家里想偷点东西，看见院子里吊着一口大钟。

钟是用上等青铜铸成的，造型和图案都很精美。小偷心里高兴极了，想把这口精美的大钟背回自己家去。可是钟又大又重，怎么也挪不动。他想来想去，只有一个办法，那就是把钟敲碎，然后再分别搬回家。

小偷找来一把大捶，拼命朝钟砸去，"咣"的一声巨响，把他吓了一大跳。小偷着慌，心想："这

下糟了，这种声音不就等于是告诉人们我正在这里偷钟吗？"他心里一急，身子一下子扑到了钟上，张开双臂想捂住钟声，可钟声又怎么捂得住呢！钟声依然悠悠地传向远方。

他越听越害怕，不由自主地抽回双手，使劲捂住自己的耳朵。"咦，钟声变小了，听不见了！"小偷高兴起来，"妙极了！"把耳朵捂住不就听不见钟声了嘛！他立刻找来两个布团，把耳朵塞住，心想，这下谁也听不见钟声了。于是就放手砸起钟来，一下一下，钟声响亮地传到很远的地方。人们听到钟声蜂拥而至，把小偷捉住了。

人生哲理

"若想人不知，除非己莫为。"愚蠢自欺的掩饰行为除了会暴露自己做贼心虚外，还会造成自己对外界感知能力的下降。

迂儒救火

赵国人成阳堪家的房子着了火，想要扑灭，却没有梯子上房。他连忙打发儿子成阳肭到奔水先生家去借梯子。

成阳肭衣帽穿戴得整整齐齐，很从容地迈着方步去了。见到奔水先生以后，他彬彬有礼地连作了三个揖，然后跟着主人缓步登堂入室，在西面柱子之间的席位上坐下，一声不响。奔水先生让家人设宴招待。酒席上，主人向成阳肭敬酒，成阳肭起立，举着酒杯，慢慢喝下，并回敬主人。酒喝完了，奔水先生问道："您光临寒舍，请问有什么吩咐呢？"成阳胕这时才开口说明来意："上天给我家降下大祸，发生了火灾，烈焰正在熊熊燃烧。想上房浇水灭火，无奈两肘之下没生双翼，一家人只能望着火的房子哭喊。听说您家里有梯子，何不借我用用呢？"奔水先生听了，急得跺着脚说："您怎么这样迂腐呢！您怎么这样迂腐呢！要知道，在山上吃饭遇到猛虎，必须赶紧吐掉食物逃命；在河里洗脚看见鳄鱼，应该马上弃掉鞋子跑开。房子已经着了火，是您在这里作揖打拱的时候吗？"

奔水先生急忙命人抬上梯子跟他回去。等他们赶到时，房子早已化为灰烬了。

人生哲理

学问学多了如果不善加运用，就会变得非常的迂腐，甚至连基本的人世常识、人情伦理都忘却了。

弈秋诲弈

弈秋棋艺高超，是全国最好的棋手。他同时教两个学生下棋，其中一个学生非常专心，集中精力跟老师学习。另一个却不这样，老师教他下棋的时候，他看起来也像是在听，可心里却想着：现在空中大概正有鸿雁飞来，如果我用弓箭把它射下来，美餐一顿多好啊……结果，虽然这两个学生在一起学习，又是同一个名师传授，然而，一个成了棋艺高强的棋手，另一个却没有学到什么本事。

人生哲理

专心，是成功的神奇之钥，凡事专注必能成功。

疑人窃斧

有个人丢了一把斧头，他怀疑是邻居的儿子偷去了。于是常常暗地里观察邻居的儿子。看他走路的样子，像是偷斧头的；看他面部的表情，像是偷斧头的；看他的言谈，也像是偷斧头的。总之，一举一动，没有一处不像是偷斧头的。后来有一天，他在挖坑时把斧头挖出来了。以后再看邻居的儿子，动作、态度，没有哪一样像偷斧头的。

人生哲理

"先入为主"，不但害人，还会害己。因为，从表面看，它是主观偏见，从深层次看是对别人的不尊重。不尊重他人的人，很难赢得别人的尊重。

叶公好龙

从前有位叶公,特别喜欢龙。他屋内的梁、柱、门、窗,都请巧匠雕刻上龙纹,雪白的墙上也请工匠画上一条条巨龙,甚至他穿的衣服、盖的被子、挂的蚊帐上也都绣上了活灵活现的金龙。

方圆几百里的人都知道叶公好龙。天上的真龙听说以后,很受感动,亲自下来探望叶公。巨龙把身子盘在叶公家客堂的柱子上,尾巴拖在方砖地上,头从窗户里伸进了叶公的书房。叶公一见真龙,顿时吓得面色苍白,转身逃跑了。

> **人生哲理**
>
> 识别一个人,不能只听他说的,还要看他的行动。就像叶公平时总说他爱龙,可一旦真龙出现,他那怕龙的本质便暴露无遗了。

自护其短

楚地有个一生都不认识姜的人,却装出认识的样子说:"这是从树上结出来的。"有人告诉他说:"姜是从土里长出来的。"他固执己见,并且说:"我和您请十个证人,用我们所骑的驴子打赌。"接着,他问遍了十个人,大家都说:"姜是土里生的。"那人涨红了脸,再说不出道理,但还是不服输地说:"驴子可以给你,但姜还是树上长的。"

北方有个一生不认识菱角的人,在南方做官。有一天吃菱

角，连壳一起嚼。有人提醒他说："吃菱角必须剥掉壳。"那个人护短说："我不是不知道要去壳，带壳一起吃是为了清热。"有人问他："北方也有这东西吗？"他回答说："前山后山，哪里没有？"

人生哲理

> 人无完人，谁也不能什么都见识过，什么都懂，所以，不知道某些事物并不是可耻的事，只有那些不懂装懂、固执己见的人，才最可笑。

狮猫斗大鼠

明朝万历年间，皇宫中有只老鼠，身体差不多和猫一样大，危害很大。皇帝派人到民间寻找好猫来捉它，可是，找来的猫总是被老鼠吃掉。这时，恰好外国进贡了一只狮猫，毛白如雪。人们把它放进那恶鼠横行的屋子里，关上门，躲起来偷偷地观看。只见狮猫蹲伏在那里，一动也不动，那老鼠探头探脑地从洞里爬出来，它一发现猫，便狂怒地向猫扑过去。猫避开它，跳上了案子，老鼠也跟着跳上去，猫又一跳而下。就这样反反复复，不止百次。大家都以为猫胆小害怕，是个没有什么能耐的家伙。

不久，老鼠跳跃奔腾渐渐地迟缓了，挺着个大肚子一起一伏，喘着粗气，只得蹲在地上稍稍休息。这时，狮猫飞快跳下，伸出两只利爪狠狠揪住老鼠头顶上的毛,嘴巴咬住老鼠的脑袋。那狮猫同老鼠扭成一团,猫儿发出"呜呜"的叫声,老鼠发出凄厉的"啾啾"声。大家急忙打开门看,原来鼠的脑袋早已被嚼碎了。这时人们才知道,狮猫避开老鼠并不是胆怯,而是为了等待老鼠疲惫懈怠的时机,再加以进攻。

人生哲理

遇到强敌时,避其锐气,攻其不备,不失为智慧之举。

薛谭学歌

有个叫薛谭的小伙子,跟秦国的歌唱家秦青学唱歌。他还没有把秦青的技艺真正学到手,就以为自己学得差不多了,急着向老师告辞回家。秦青也没有阻拦他,把他送到城外的大道旁,为他饯行。席间秦青轻轻地打着节拍,唱了一首十分动听的歌,那高亢的歌声震动了林间的树木,连空中飘动的云彩也停住不动。薛谭这时认识到了自己与老师的差距,急忙向老师道歉,要求回去继续学习。从此以后,他一辈子再也没有说过回家的话。

人生哲理

浅尝辄止是不会学到真东西的。只有抱着谦虚谨慎的态度不断地去学习,才会有所成就。正所谓学无止境。

匠石运斧

楚国国都郢城有个人鼻尖上沾了一点白泥，就像苍蝇翅膀一样又细又薄，他请匠石替他削掉。匠石把手中斧子抡得飞快，呼呼生风，郢人任他砍下去，那一点白土被削得干干净净，而鼻子一点也没受损伤，这个郢人泰然自若地站在那里，面色一点也没改变。宋元君听到这件事后，把匠石召去说："你试着做一次给我看看。"匠石说："我是能够砍掉鼻尖上的白灰，但是那位敢于让我砍的对象已经死去很久了，没有他的配合我是做不到的。"

人生哲理

没有默契的配合，没有真诚的信任，恐怕什么事情也做不好，因为现在已经不适合独闯天下了。

后羿射箭

夏王让后羿对准一块一尺见方、靶心直径为一寸的兽皮箭靶射箭。他对后羿说："你射这个靶心，射中了，就赏给你一万金；射不中，就剥夺你的千里封地。"后羿听了面色变化不定，红一阵，白一阵，呼吸异常急促。就这样，他拉开弓瞄准了靶心，第一箭射出去，没有射中；再射一箭，又没有射中。

夏王便问保傅弥仁："这个后羿呀，平常射箭，百发百中，

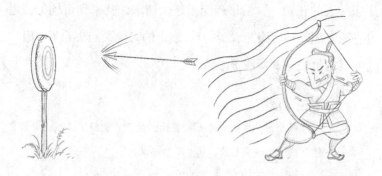

可是这次跟他定了赏罚的条件，就射不中了，这是为什么呢？"
保傅弥仁回答说："像后羿这种情况，欢喜与恐惧的心理成为
他的灾难，万金的赏赐成了他的祸患了。如果一个人能够丢掉
欢喜和恐惧的矛盾心理，去除万金赏赐的私心杂念，那么，普
天下的人们便都能成为不输于后羿的射手！

人生哲理

没得到时，担心得不到；得到了又担心失去。这样患得患失，
必然会分散注意力，影响正常的水平发挥，其结果可想而知。

马价十倍

有个卖骏马的人，接连三天站在市场上，却没有人知道他
的马是好马。这人去找相马的伯乐说："我有匹好马要卖掉，
可接连三天没有人来过问。希望您给帮帮忙，去围着我的马转
一圈儿，看看它，临走的时候再回过头来看它一眼，我愿意奉

送您一天的花费。"伯乐接受了这个请求，就来到市场上，走过去围着那匹马转圈儿看了一看,临走的时候又回头看了一眼。这匹马的价钱立刻暴涨了十倍。

人生哲理

　　好东西，再加上名家的赏识，简直就是锦上添花，身价自然会倍增。权威的效应还是不能小觑的。

荆人畏鬼

　　楚国有个非常怕鬼的人，听到干枯的树叶落地，或者蛇和鼠爬行的声音，都以为是鬼。有个小偷知道这个情况后，就在晚上爬到他家的墙头偷看，并且装出鬼叫的声音。这个怕鬼的人吓得连斜着眼睛瞅一下都不敢。小偷又照样装了四五次鬼叫的声音，然后钻进他的屋里，偷走了他家藏的全部财物，有个人欺骗他说："你家的财物实在是给鬼偷走了。"他心里虽有点怀疑，但暗中却还以为是鬼偷走了。过了不久，他丢失的东西在小偷家里找出来了，然而他始终认为，是鬼偷去后送给小偷的，并不相信是小偷扮鬼骗他。

人生哲理

　　迷信虽不能说是人性弱点，但如果太迷信的话，就很容易被坏人利用，甚至深受其害而不知觉醒。

东施效颦

越国有个名叫西施的美女，她有心口痛的毛病。因为病痛，她经常双手捂着胸口，皱着眉头。但就是这种病态，也使她显得分外妩媚。

同村有个长得很丑的女子，名字叫东施。她看到西施娇媚柔弱的样子竟博得这么多人的注目，便也学着西施的样子，一出门就手捂着胸口，紧皱眉头，装出一副弱不禁风的病态。丑女的扭捏作态，使她原本就丑陋的样子更难看了。同乡的富人看见了，立即关紧大门，躲在屋里；穷人见了，连忙领着妻子儿女远远地躲开她。

人生哲理

爱美之心人皆有之，可也要考虑一下自身的实际情况。像东施那样，装模作样，盲目模仿，生搬硬套，不仅会适得其反，还会让人讨厌。

伯乐怜马

有一匹千里马老了，拉着盐车上山。它吃力地伸着蹄子，弯着膝盖，尾巴下垂，脚掌也烂了，口吐白沫，浑身汗水直流，在半山坡上挣扎，驾着车辕不能继续上山。正巧伯乐看到了，他赶忙跳下车，抚摸着这匹马心疼地哭起来，并脱下自己的衣服盖在它身上。这时，千里马低着头，喷着鼻子，仰起头长鸣了一阵，洪亮的声音直达天际，好像是从钟磬之类乐器发出的声音一样。为什么这匹马会这样呢？因为它感到伯乐是它的知己呀！

人生哲理

千里马常有，而伯乐不常有。这成为才俊的悲哀，也造成了"英雄无用武之地"的悲剧结局。

黎丘老丈

梁国的北面有个黎丘乡，那一带有个鬼怪，经常装扮成乡人的子侄、兄弟的模样。有一天，一位老人在集市上喝醉了酒往家走，在半路上碰到了扮作自己儿子模样的黎丘鬼怪。那鬼怪一边假意搀扶老人，一边左推右晃，让老人一路上受够了罪。

第二天，老人酒醒之后，想起自己醉酒回家时在路上吃的苦头，他气愤地对儿子说："我是你的父亲，我平日对你不够慈爱吗？你在路上那样折腾我，是为什么呢？"

他的儿子一听这话，感到十分委屈。他流着眼泪，伏在地上磕头说："这真是作孽呵！我哪能对您做这种不仁不义的事呢？昨天我到东乡找人收债去了。您如果不相信，可以到东乡去问清楚。"

老人相信了儿子的话。他左思右想，恍然大悟地说："对了，一定是人们常说的那个鬼怪干的！"他想：我明天还去集市上喝酒，再遇上那个鬼怪，我就杀了它。

第二天，老人在集市上又喝醉了酒，他一个人跌跌撞撞地往回走。他的儿子担心父亲在外醉酒回不了家，就沿着通往集市的那条路去接父亲。老人远远望见儿子向自己走来，以为又是上次碰到的那个鬼怪。等他的儿子走近的时候，老人拔剑刺了过去。这位老人由于被貌似自己儿子的鬼怪所迷惑，最终竟误杀了自己的亲生儿子。

人生哲理

人必须善于分辨真假，不要被假象所迷惑，假象带来的后果往往是最恶劣的。

滥竽充数

齐宣王很喜欢听吹竽，而且喜欢听合奏，所以必定要300人一齐来吹。有个南郭先生根本不会吹竽，也前来请求给齐宣王吹竽，宣王很高兴，让他加入了吹竽的乐队。从此，南郭先生混在乐队里，装模作样，享受与其

他几百个吹竽的人一样的待遇。

等到宣王死了，他的儿子湣王即位，湣王也喜欢听吹竽，但他喜欢乐工们一个个地吹给他听。南郭先生一看，知道自己再也混不下去了，就立刻逃跑了。

> **人生哲理**
> 没有真才实学的人，能蒙得了一时，绝蒙不了一世。

爱模仿的猴子

谁都知道猴子善于模仿。在阿非利加洲，有许许多多的猴子。有一天，一大群猴子坐在叶子浓密的树枝上，偷偷地瞅着地上的猎人。猎人在草丛里不断地打滚，猴子们暗暗地你推我，我推你，窃窃私语。

"这个人的玩法儿可真不少，简直没完没了！""你瞧他呀，一会儿鹞子翻身，一会儿又滚又爬，一会儿跌跌撞撞，一会儿又缩成一团……""我们学东西快，为何不试一试？来吧，亲爱的姐妹们，我们来模仿一下。猎人大概玩得过瘾了，恐怕要走了。他一走，我们就开始模仿。"过一会儿，猎人果然走了，他留下了罗网。

"嗨，快来吧！"猴子们嚷道，"别错过机会了，看谁模仿得最像！"

美丽的猴子姑娘们从树上跳下来，一个筋斗翻进猎人的罗网，又跳又闹，相拥相抱，叽叽喳喳，嘻嘻哈哈，玩得真开心！

当猴子们玩累了想到要出去时，这场欢喜也就到头了。猎人拿着袋子走出来，把它们一个一个装进袋子里。猴子们想找到逃走的办法，可是被罗网裹得紧紧的，谁也没办法逃走。

| 人生哲理

　　模仿别人，必须头脑清醒。没头没脑的模仿，定会铸成大错！因为模仿是有很大风险的，如果只学到形式，而没有抓住其实质，只会带来恶劣的后果。

对牛弹琴

公明仪对牛弹着名叫《清角》的著名琴曲，牛像没听见一样，依旧低着头吃草。不是牛没有听见琴声，是这美妙的曲子不适合牛的耳朵啊！

后来，公明仪便变换曲调，弹出一群蚊虻的嗡嗡声和一只孤独小牛寻找母牛的哞哞声。牛听了，马上摇动尾巴，竖起耳朵，小步来回走动。

| 人生哲理

　　说话不看对象，只能是徒劳无功。做任何事情都应该有的放矢，看清对象，这样才能收到好的效果。

先放盐还是先放油

邻居新婚，家庭设施十分豪华，应有尽有。只是小两口乃现代派青年，以前从不沾厨房琐事，婚后一日三餐，牛奶、蛋糕、下馆子，生活过得十分洒脱惬意。

一天，新娘休息，欲试试烹饪手艺。刷净钢锅，点火，打开油瓶盐缸。此时她才想到一个问题，那就是她不清楚炒菜先放盐还是先放油。这可难倒了新娘。眼看锅已烧热，如何是好？幸亏新娘聪明，柳眉一皱，想到了妈妈。

急忙拨通电话："张阿姨，我妈妈在吗？"

"她在开会。"

"快帮我叫她出来，我有急事！"

当妈妈的慌慌张张出来接过话筒："宝贝儿，怎么了？"

"妈妈，急死人了。我正要炒菜，锅都烧红了，不知是先放盐还是先放油？"做妈妈的擦了擦额前冷汗，舒了口气："唉，先放油嘛。"

"好的，谢谢妈妈。"

新娘拿起油瓶就倒，油一接触已经烧红了的铁锅后烟火聚起。新娘大惊，连声尖叫，好在倒出的油不多，燃烧一阵也就灭了。

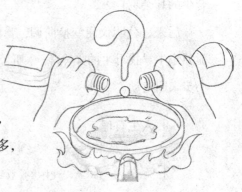

新娘芳魂稍定，认为是妈妈说错了，不能先放油，那会着火的。

她站在离锅远远的地方，将一勺盐扔到锅里。还好，仅仅"噼啪"响了几下，再把菜倒入，举铲翻炒。一会儿，倒入油，竟未起火。

新娘恍然大悟，不禁娇嗔道："妈妈真是，白做了几十年饭菜，连炒菜先放盐都不懂。"

┃人生哲理

获取知识切忌断章取义，运用知识更要明白先决条件。

曲突徙薪

有位客人到某人家里做客，看见主人家的灶上烟囱是直的，旁边又有很多木材。客人告诉主人说，烟囱要改曲，木材须移去，否则将来可能会有火灾，主人听了没有作任何表示。

不久主人家里果然失火，四周的邻居赶紧跑来救火，最后火被扑灭了。于是主人烹羊宰牛，宴请四邻，以酬谢他们救火的功劳，但并没有请当初建议他将木材移走、烟囱改曲的人。

有人对主人说："如果当初听了那位先生的话，今天也不用准备筵席，而且没有火灾的损失，现在论功行赏，原先给你建议的人没有被感恩，而救火的人却是座上客，真是很奇怪的

事呢！"主人顿时省悟，赶紧去邀请当初给予建议的那个客人来吃酒。

人生哲理

俗话说，"预防重于治疗。"要防患于未然，否则将酿成大患。由此观之，问题的预防，应该是先于问题的解决。

捉糊涂虫

有个地方官常常胡乱断案，老百姓称他"糊涂虫"，还到处张贴嘲笑他的诗："黑漆皮灯笼，半天萤火虫。粉墙画白虎，青纸写乌龙。茄子敲泥磬，冬瓜撞木钟。天昏与地暗，哪管是非公。"

他看到后，立即传令差役说："人们都在怨恨糊涂虫，本官限令你们三天内捉三个来，少一个都不行！"

差役只得喏喏退下，硬着头皮出去办案。忽见路上有个人头顶着包骑着马走，便问："喂，为啥不把包放在马上？"回答说："顶在头上，马可以省力些。"

差役说："这人可算糊涂虫了。"立即将之拿下。

来到城门边，又见有个人擎着一根竹竿进城，竖拿着，比城门高；横拿着，比城门宽。横竖不得进门，便站在那里干着急。差役想：这人也是个糊涂虫！也立即把他拿下。捉了两个，还差一个，寻来寻去寻不到，只得先把两个带回。地方官马上升堂问案。对第一个，他判断说："你头顶着包骑马，还说省马力，真是糊涂！"对第二个又下判断："你手拿竹竿进城，竖进，城门矮；横进，竿长。为什么不把竹竿锯断？可见也是糊涂虫。"

差役连忙跪上前禀告："老爷，第三个糊涂虫也有了！"

地方官问："在哪里？把他带上来！"

差役答道："只等下一任老爷到来，小人马上把他捉来。"

> **人生哲理**
>
> 世人皆醉我独醒。你醉，他醉，就是看不到自己的醉态。这样的人其实是最可怜的糊涂虫。生活工作中，总是用一种挑剔的目光看别人的错，就是看不见自己的毛病，这样的人又怎能进步呢？

许金不酬

济水南面有一个商人，渡河时他乘的船翻了，他抓着浮在水面上的枯木大喊救命。有个捕鱼的人听到了，赶紧驾船去救他。

船还未开到，这个商人就大声呼叫："我是济水一带的大富翁，你如果能把我救起来，我酬谢你一百两金子。"

于是渔翁把商人救上了岸，商人却只给他十两金子。

渔翁说："你起先答应酬谢一百两金子，现在只给十两，这恐怕不行吧？"商人听了勃然大怒，说："像你这样捕鱼的人，

打一天鱼能得多少钱呢？而现在一下就得了十两金子，为什么还不知足？"渔翁没办法，只好十分沮丧地走了。

过了一些日子，这个商人从吕梁河顺流而下，船碰到石头上又沉了，恰好这个渔翁又在场，人们对渔翁说："你为什么不去救那个商人呢？"

渔翁回答道："这是一个口里许诺给酬金而实际上不肯给酬金的人。"说完并不施援手，眼看河水把商人淹死了。

人生哲理

如果把金钱置于信用之上，不但无法留住金钱，有时甚至还有性命之忧。只有诚信，才能得到别人的信任和支持，不然最终会被人抛弃。

想离婚的女人

一位女士愤愤不平地告诉心理医生，说她恨透了自己的丈夫，因此非离婚不可。心理医生向她建议："既然已经走到这个地步，我劝你先尽量想办法恭维他，讨好他。当他觉得不能没有你，并且在他以为你还深爱他时，断然跟他离婚，让他痛苦不堪。"

女士觉得心理医生不愧为专家，给她出的点子倒蛮新鲜的。

几个月过后，女士又回来找医生，说一切进行得都很好。医生说："行了，现在你可以办理离婚了！"

"什么？"女士说："离婚？才不呢！现在我从心底里爱着我的丈夫哩！"

> **人生哲理**
>
> 如果恨不能解决你的问题，何不试试用爱？在爱中你或许会有更大的发现和收获，而且你将真正明白那才是解决问题最有效的途径。

巧遇麻将痴

两个贼赌输了钱，回家途中见一门洞开，遂生窃取之念。

他俩蹑手蹑脚进门，先看见墙上的精致挂钟，正欲拿时，突听有人说："别动，碰红中！"贼惊，屏住呼吸鼠眼四顾，但见墙角床上醉卧一人。甲贼见状对乙贼小声说："拿了墙边的气筒吧。"

床上人像是耳朵特灵："别忙，我碰七筒！"

贼大惊，互耳语："这定是麻将坛上的瘾君子，我们拿点与牌无关的东西吧。"正说间,乙贼碰响了桌上的酒碗,甲贼急道："小心酒碗！"床上人梦中道："碰九万！"乙贼气昏了头,忘记自己是来做贼的了,冲酣睡的那人喊道："叫你碰，叫你碰，九万老子和牌！"

床上人立即争辩："不可能，不可能！我有三个九万，四个七万，你怎么和牌？"一急便从梦中醒来，见房中有两个人，便又怒道："怎么又是三缺一！不是叫你们再去约一个吗？"

人生哲理

不良嗜好容易使人产生心瘾。世上的事分三种：该做的；不该做的；可做可不做的。比如麻将，就是不该做的事。不该做的事做得越少，成功的概率就越高。

忏悔

从前，有一个人去教堂忏悔。他对神父说："神父，我有罪。"

神父说："孩子，每个人都有罪。你犯了什么错？"那人回答："神父，我偷了别人一头牛，我该怎么办？神父，我把牛送给你好不好？"

神父回答："我不要，你应该把那头牛送还给失主才对。"

那人说：“但是他说他不要。”

神父说：“那你就自己收下吧。”

结果，当天晚上神父回家后，发觉他家的牛不见了。

人生哲理

小偷不对，神父也不正确。教育感化一个人不应用"刮肉喂鹰"的方式，而是要为之拨开迷雾指明方向。

驴下牛

有个小伙子骑驴去赶庙会，迷了路，好不容易遇上了一老汉，就在驴背上吆喝道："哎！赶庙会去该怎么走？"老汉见他一不称呼，二不下驴，便假装没听见，接着赶路。小伙子又嚷道："你耳朵聋啦？"

老汉停了下来："别见怪，我有急事哩，我的驴下了头牛。"

"驴下了头牛？它为什么不下驴？"

"啊！小伙子，没想到你还知道下驴。"

小伙子这才醒悟是自己的过错。

人生哲理

遇到无礼之人，不要恼怒，可用委婉的方式让对方意识到失礼，从而化解激烈的局面。

汤姆和玛丽

猎鹿季节的一个星期天,企盼已久的汤姆准备去试试运气。在收拾完打猎行装后,汤姆来到前厅,竟然发现妻子玛丽已经在那儿等着他了。

"汤姆,去年你就没有带我去!"全身猎装打扮的玛丽埋怨道。

"但是,你从来没打过猎呀!"

"要知道,我虽然没出去打过猎,我对猎鹿一直充满了好奇,带我去吧!"玛丽撒娇地拉扯着汤姆。

"好吧,但是一定得听我的。"汤姆勉强答应。

夫妻二人来到猎鹿区,考虑到玛丽从没打过猎,可能会给自己添不少麻烦,于是汤姆说:"咱们分个工吧,亲爱的,你拿这支猎枪,爬上那棵大树,然后我到前边去把鹿都赶过来。鹿一进入射程,你就开枪,听到枪声,我就立刻赶回来,好吗?"汤姆心想,只要你在这儿老老实实待着就谢天谢地了。

"好!"玛丽没有识破汤姆的花招。

摆脱了玛丽的干扰,汤姆一个人便高高兴兴地走了。"玛丽这种水平,我看就是一头大象从她鼻子面前走过,也肯定打不中。"汤姆边走边想。可过了没一会儿,他却听见一阵激烈的猎枪射击声。

难道她打中了?汤姆不敢相信自己的耳朵,于是三步并作

人生哲理枕边书 每天读一个人生哲理

两步地往回赶。等能望见玛丽所在的大树时，汤姆又听到一阵激烈的猎枪连续射击声，这时也能听见玛丽的叫嚷声了。

"滚开，别碰我的鹿！"玛丽生气地喊道。听见有人在抢鹿，汤姆赶紧加快速度往回跑。

"混蛋，叫你别碰就别碰！"玛丽的嚷嚷声后接着又是一阵猎枪射击声。

气喘吁吁的汤姆终于能看到树下的情景了：一个无可奈何的牛仔，可怜巴巴地把双手举在空中，非常懊丧地说道："别开枪！好，好，我不碰你的鹿，但既然鹿都已经死了，让我把鞍拿走，总可以吧？"

人生哲理

做事，除了勇气，还应有足够的知识，否则容易贻笑大方。

给老公化妆

小苏的老公最近总惹小芳生气，于是她挖空心思想出了一条惩罚他的妙计：如果他再惹她不高兴，那么暑假回家后就给他化妆，把他打扮得妖里妖气，然后带他去闹市逛街！逛足两个小时，每多惹她生气一次再加两个小时。这招还真灵，老公最近正在考虑暑假还回家不回呢。昨天，他怯怯地问小芳："老婆，我可不可以主动要求惩罚再严厉些啊？"小芳深受感动，心想老公这回是真的认识到自己有时是多么罪大恶极了啊！于是很开心地说："你现在好乖啊，准备怎么惩罚自己呀？"

老公先是极其憨厚地嘿嘿了两声，然后大义凛然、视死如归地说："我觉得光化妆上街还不够丢人，让我上街时再牵着你的手吧。"

人生哲理

夫妻之间发生矛盾，惩罚绝不是好办法。要多用你的爱，也多用你的智慧去化解。

学会结婚

一男子想结婚，但不知道结婚有哪些仪式，该如何进行，于是他向父亲求教。

父亲说："你去找礼仪司，他怎么说，你照着做就行了。"

于是男子找到了礼仪司。礼仪司问他："兄弟，有什么事吗？"

"兄弟，有什么事吗？"男子学着问。

"喂，你怎么这样回答我的问题？"礼仪司说。

"喂，你怎么这样回答我的问题？"男子还是学他。

"你疯了吗？"礼仪司怒斥道。

"你疯了吗？"男子学他问道。

礼仪司还以为男子在愚弄他，怒不可遏地举起手狠狠地打了男子一巴掌。男子也愤怒地还了礼仪司一记耳光。于是，二人扭打起来。

当男子垂头丧气地回到家时，父亲急忙问："孩子，你学会结婚了吗？""如果结婚是你骂我、我骂你，你打我、我打你的话，我已经领教了，我不敢结婚了。"男子摇晃着脑袋说。

人生哲理

知识不是机械地鹦鹉学舌，需要自己用心去学习。不要轻易过早地下结论，只有用灵活的头脑去学习，才会学到真正的知识。

中国的蚊子

有三只蚊子在炫耀自己的飞行技术，争论了半天，吵得面红耳赤，还分不出个胜负。于是，它们决定各自秀一段。

英国蚊子首先表演，只见它飞向一只青蛙，在它附近转了

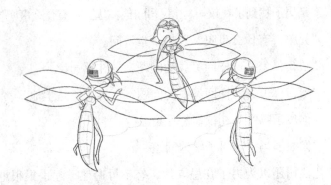

几圈；回来时，只见青蛙的舌头打了一个活结。它骄傲地说："告诉你们，在我老家，若没有这种本事，马上就会完蛋的！"

美国蚊子冷笑两声："哼！雕虫小技，不足挂齿！"于是它飞向两只青蛙，在它们之间来回了几次；回来时，两只青蛙的舌头结成了一个死结，它得意地说："在我老家，要有这样的本事才能生存！"

中国蚊子不屑地答道："开玩笑！在我们老家，没见过这么差的技术呢！"英国及美国蚊子很不服气地说："这样讲？你以为你有多大能耐啊？"于是，中国蚊子就飞向一群青蛙，在其中穿梭了数趟；回来时，只见青蛙们的舌头缠在一起，编成了一个"中国结"。

人生哲理

　　轻而易举地做到别人无能为力的事，这就是才能。许多人狂妄自大，似乎只有他才是聪明人，是万事通，却不懂这样一句俗语：山外有山，天外有天。

靠谁养活

一个50岁的老人有一个30岁的儿子。这个儿子非常懒惰，从不干事，衣食全靠父亲供给。那老人整天为儿子的将来忧心忡忡，便带着儿子一同去算命。后来父子俩都相信了算命先生的话：父亲可以活到80岁，儿子也有62岁的寿命。

儿子听后非常难过："爸爸我仔细盘算了一下，你要比我早死两年呢，可是，那剩下的两年我靠谁养活啊？"

> **人生哲理**
>
> 不要把父母当成你的保险箱，更不要指望父母会总把你像钥匙一样拴在腰间。幸福生活需要自己去创造，索取来的幸福算不上是真正的幸福。

健忘草

一对夫妇在路旁开了一家客店。一天，住进来一位货郎，贪财的丈夫想多捞几个钱，就让妻子在货郎的饭里边放了些健忘草，说："谁吃了这种草都会忘事，货郎吃了这种草之后，走时肯定会忘记拿上他的担子！"妻子一听欢喜地去照办。

第二天一早货郎就走了。夫妻俩匆忙跑到他放担子的地方去看，可是担子已经不在了。妻子大骂丈夫："你这个笨蛋！还说那草灵呢，可他根本就没忘记自己的担子！"

丈夫很纳闷："不会不灵的，他一定会忘下什么东西的！"说着就在货郎住过的客房里乱找起来。

忽然妻子一拍脑门："哎，我想起来了，他忘了付房钱和饭钱了！"

人生哲理

为人要坦诚相待，不可误入投机取巧歪门邪道的歧途，害人之心不可有，否则只会聪明反被聪明误，落得个赔了夫人又折兵的下场。

树上的小孩

有一个7岁大的男孩子，因为贪玩，爬上了一棵大树，越爬越高，当他向下望时，忍不住吓得尖声大叫起来。

就在这危急时刻，孩子的妈妈赶了过来。她从另外一棵树上折了一根树枝，然后挥舞着树枝对小男孩呵斥道："你现在马上给我乖乖地爬下来，假如你掉下来的话，我非把你揍个半死不可！"

不到两分钟，小男孩居然平平安安地回到了地面。

人生哲理

有时环境把我们逼到一个境地，使内在的潜能完全发挥出来，因此有压力才有动力。为那些给你压力的人或事心存感激吧！那正是使你变得更好的力量。

吉利话

从前有个地主，雇了两个长工。因为他非常爱听吉利话，便特意给他俩重新取了两个好听的名字：一个叫"高升"，一个叫"发财"。

正月初五早上，地主要迎财神，说吉庆话。天还没大亮，他就怪声怪气地喊："高升！高升！"

高升住在楼上，一听地主喊，便赶忙答道："下来了！下来了！"地主一听，怒气冲天，又不能说什么，只好再叫："发财！发财！"发财住在马圈里，那儿没有窗子，睁眼一看，到处都是黑乎乎的，以为天还早，便高声答道："还早，还早！"

地主气得连话都说不出来了。

> **人生哲理**
>
> 人不应过于贪财和迷信，否则有些行为会让人啼笑皆非。

计程车

有一位计程车司机开车开得很快，乘客很害怕，就请他开慢些，司机说："没关系的，我大哥也是这样子开计程车，都开了十几年了也没什么事！"

然后计程车跟旁边开跑车的人赛起车来，乘客又很害怕，请他不要跟人家赛车，那司机又说："没关系的，我大哥也是这样子开计程车，都开了十几年了也没什么事！"

后来司机又频频闯红灯，那乘客更害怕了，请他不要再闯红灯，那司机又说："没关系的，我大哥也是这样子开计程车，都开了十几年了也没什么事！"

来到一个十字路口时，前面是绿灯，那司机却忽然刹车停了下来，乘客就很好奇地问："为什么现在要停下来？"

那司机很尴尬地说："没什么的，就是怕我大哥从红灯那边闯过来！"

> **人生哲理**
>
> 遵守规则，社会便会秩序井然；反之就会混乱不堪。

过感恩节

旧金山的约翰给在纽约工作的儿子戴维打电话。

"我也不想让你感到难受，但是我不得不告诉你这个消息……我和你母亲已同意离婚，45 年的煎熬我们受够了。"约翰的话音中有一些失落感。

"老天！你在说什么呀，老爸？"戴维大吃一惊。

"这也是没有办法的事，我们现在甚至连看一眼对方都不愿意。"约翰叹了口气，接着道，"我们彼此讨厌对方，我也讨厌再提这事，苏姗那边就由你告诉她吧。"说完，约翰便挂断了电话。

戴维马上给芝加哥的妹妹打电话："苏姗，你一定要冷静，听着，老爸老妈想离婚，怎么办？"

"什么？上帝呀，我们得回去阻止他们！"苏姗在电话那边尖叫。

挂断哥哥的电话后，苏姗立刻拨通了家里的电话，是她父亲接的电话。

"你们不许谈离婚！不许乱来！一切都要等我和戴维回来再做打算，我们明天就到，到时再做打算，千万不要冲动！听见没有？"苏姗一口气嚷完就挂了电话。

约翰放下电话，转身对妻子说："好了，他们能回来过感恩节了，但圣诞节我们该怎么说呢？"

人生哲理

是啊，到圣诞节时老约翰还能编出怎样的谎话呢？儿行千里母担忧，可怜天下父母心，常回家看看吧！

不能久等

妈妈走进房间，叫两个女儿帮她准备午餐。这时候，姐姐娜塔莎正在看一本有关非洲的书，妹妹奥莉姬正在玩耍。奥莉姬听见妈妈呼唤，就走进了厨房。过了几分钟，她回到房间里，叫娜塔莎去帮忙。

娜塔莎回答说："我不在家！现在我身处非洲。这里棕榈

树盛开着花朵，美丽的鹦鹉自由自在地飞翔。"

奥莉姬听了这话，转身走回厨房。过了一会，她又回到房间里来玩耍。娜塔莎见妹妹嘴里嚼着东西，连忙问道："你在吃什么？"

"我在吃冰淇淋，这已是第二块了。刚才我吃的是我自己的一块，现在吃的是你那一块。"娜塔莎一听，生气地说："为什么要吃我的冰淇淋？"

奥莉姬说："妈妈说，不知你什么时候才能从非洲回来，时间长了，冰淇淋是会融化的。"

人生哲理

有好多时候，我们自己错过了机会。因为，我们全神贯注地被一种事物吸引，而忽视了其他。面对机遇，要学会分析，及时抓住，为己所用。

作业

老师拿出作业本对张三说："张三，我要把你的作业拿给你的爸爸看，让他知道你的作业究竟有多糟，让他给你一个沉重的教训，让你知道什么是难为情。"张三满不在乎地说："我才不会难为情，我爸看了以后他自己才会难为情呢！"老师很奇怪地问道："怎么回事？"张三说道："那是我爸做的！"

又过了几周，老师发下作业本后对张三说："张三，这次你的作业全对了，是怎么回事？"张三很气愤地回答："我爸昨晚打麻将，整夜都没回来，我只好自己做了。"

> **人生哲理**
>
> 我们可以像爱惜自己的双手一样爱惜我们的孩子，但绝不能总是充当孩子的双手。

午夜惊魂

有一个妙龄女子深夜回家，走在路上惊觉有一男人在后面紧跟着她。她走一步，他也走一步；她跑，他也跑。由于回家的路比较偏僻，女子深感情况不妙。后来，经过一个墓园，此女子加快了脚步，往坟墓里走，那男的也跟了过去。这时，那女子在墓碑前躺下，深深吐了口气，说："终于到家了！"那男的听了撒腿就跑。

过了些天，这位妙龄女子又独自回家，经过上次的机智脱险后，她对自己十分赞赏。说来真巧，这次还真又有个人跟在她后面。于是，这位女子故技重演，又来到墓碑处躺下，深深吐了口气，说："终于到家了！"那位仁兄亦在其旁边的墓碑处躺下，开心地叫道："哈！原来你是我的邻居！"

这回轮到妙龄女子撒腿就跑了。

人生哲理

小聪明往往容易得逞，但小聪明绝不是解决问题的最佳选择，用得多了就有面临危险的可能性！

变父亲

一个富翁把欠自己债的人都叫到家里来，吩咐道："你们如果真的一贫如洗，无法还债，那可以对我发誓，说明来生怎样偿还，我就烧了借据，从此清账。"欠债少的人说："我愿来生变马，给主人骑，以还今生的债。"富翁点头，将借据烧掉了。

一个中等欠户说："我愿来世变牛，代替主人出力，耕田耙地，以还今生的债。"富翁又点点头，把他的借据也烧了。

最后一个欠债多的人说："我愿来生变成你的父亲还债。"

富翁听了大怒，说："你欠我许多银子，不但不还，反倒要讨便宜，是什么道理！"

欠债人却说："你听我讲实话，我欠你的债极多，不是变牛变马所能还得完的。所以，我只好情愿来生变成你的父亲，劳苦一生，不顾自己的身体性命，积成这样大的房产家业，自己不肯享用，全部都留给你舒舒服服地受用，这样岂不可以还你的债了吗？"

人生哲理

父母为子女的美好生活，付出了艰辛和努力，却不求回报。

飙车

有一个人，去郊外办事，为了看风景，他选择了骑车。

于是便向朋友借了一辆自行车。他骑着骑着有些累了，心想干脆搭一辆车走吧！这时开过一辆保时捷，他把这车给拦了下来。

他对司机说："拉我一程好吗？"司机点了点头。他接着又说："那我的车怎么办？是向朋友借的，还要还呢。"

司机说："这么着吧，我车上有绳子，我拉上你。"

"那怎么行，你的保时捷不得把我拉飞了？"

"没事的，我只开30迈，如果快了你就摇铃。""好吧！"

开始还真的一直开30迈。后来一辆宝马车超过了保时捷。保时捷司机说："破宝马也敢超我！"说完就踩足油门去追宝马。

过一个十字路口时，一个警察醒过神后向上级汇报说："我站了一辈子岗，从来没见过一辆保时捷和一辆宝马飙车，后边还有一辆自行车摇着铃要超车。"

人生哲理

一时心血来潮的争强斗勇，就像冲动的魔鬼，让人忘乎所以，失去理智。

鬼火

在一个漆黑的夜里，有个人赶夜路，途经一片坟地。

微风吹过，周围风声籁籁，直叫人汗毛倒竖，头皮发麻。就在这时，他忽然发现远处有一点红色的火光时隐时现。他首先想到的就是"鬼火"。于是，他战战兢兢地拣起一块石头，朝亮光扔去。只见那火光飘飘悠悠地飞到了另一个坟头的后面。他更害怕了，又拣起一块石头朝火光扔了过去，只见那亮光又向另一个坟头飘去。此时，他已经接近崩溃了。于是，又拣起了一块石头朝亮光扔去。

这时，只听坟头后面传来了声音："这是谁呀？拉泡屎都不让人拉个痛快。一袋烟工夫竟砸了我三次。"

人生哲理

恐惧由心而生。我们往往是在自己吓唬自己的同时，做出有悖常理的事情。

2000 元的愤怒

某公司的老总在视察仓库时，看到一个工人正坐在地上看漫画。老板最讨厌工人偷懒了，于是没好气地问："你一个月赚多少钱？"那位工人笑嘻嘻地说："2000 块！"老总非常生气，喊来财务经理，让他立即给工人 2000 块钱，然后对依旧坐在地上的那个工人说："拿了钱给我滚。"

事后，老总还有些余气未消，问财务经理："那个工人这么懒，是谁介绍来的？"财务经理小声地说："老总，他不是本公司的人，而是其他公司来送货的。"

人生哲理

易怒是品格上最显著的弱点。著名作家萧伯纳有一句名言：以愤怒开始的事情，往往以悔恨而告终！在工作和日常生活中，无论处理任何事情，都要谨慎行事。如果总是依照性情的冲动来做事，不仔细探究事情的真相，就算不该失去的也会失去，到头来只会得到于事无补的叹息。

观棋不语真君子

某甲是个书呆子。有一天，邻居家不幸失火，邻居大嫂一边救火，一边对他说："好兄弟，快去找找你大哥，就说家里失火了！"

书呆子整整衣冠，踱着方步出门去了。走了不远，看见邻居正在下棋。他连忙一声不响地走了过去，专心看下棋。过了大半天，一盘棋下完了，邻居见到了他，忙问："兄弟找我有事吗？"

"哦！小弟有一事相告，仁兄家中失火了。"

邻居又惊又气："你怎么不早说呢？"

书呆子作了一个揖，慢条斯理地说："仁兄息怒，岂不闻古语云：'观棋不语真君子'吗？"

人生哲理

关键时刻，死守规则会贻误战机。不管规矩如何，只要能达到目的，解决问题，有时候可以打破常规的框架。

治疗失眠

有一对夫妇经营着牧场。由于过度操劳，丈夫患上了失眠症。丈夫常常整夜睡不着觉。于是妻子告诉他，睡不着觉时就躺在床上默默地数羊，便会慢慢地睡着。

他依法试了，仍不奏效。妻子便出主意："你准是太心急了，必须一心一意地数，并且数到 1 万才会有效。今晚你再试试。"第二

天早晨，丈夫恨恨地说："仍是一夜没睡着！我数完了 1 万只羊，剪了羊毛，梳刷妥当了，纺织成布，缝制成衣，运往美国，全都卖出去了，整笔买卖赚了 3 万元！"

人生哲理

要学会变通，不要钻牛角尖。一条路跑到黑不一定会有好的出路，如果一个方法行不通，那就换另一种方法，用另一种思维去思考，这就是为什么聪明人总能找到解决问题的办法的原因。世上只有想不到的办法，没有解决不了的问题。

缺点和优点

房产经纪人对他的顾客说："诚实待客是我们公司的一贯宗旨。我们将向您介绍所有房子的优缺点。"

"那么这座房子的缺点是什么呢？""哦，首先这座房子的北面 3 英里的地方是一个养猪场。西面是两个污水处理厂，东面是一个化工厂，而南面则是一个酱制品公司。""那么，它又有什么优点呢？""那就是，您随时都能断定，今天刮的是什么风。"

人生哲理

所谓的强词夺理就是无论怎样看待问题，是"一分为二"也好是"一分为三"也罢，分出来的永远是优点和正确的。

小狗去哪儿了

一位正在法国旅行的英国太太带着一条很漂亮的小狗走进一家餐馆吃饭。由于语言不通，她用不熟练的手语对着服务员指了指自己的嘴，又指指小狗的肚子。她想说给自己上点吃的，然后请服务员再将小狗喂饱。

服务员拉走了小狗，放了几盘点心在她面前，又打手势叫她等一会。她似懂非懂地点点头。过了一会儿，菜上来了，太太吃得很满意。临走，她打手势要回小狗，与服务员起了争执，懂英语的经理赶来问道："太太，您不是要求我们代做一盘红烧狗肉吗？"

人生哲理

误会和争执多半都是因为缺乏沟通和交流而起。要努力向对方阐述明白自己的观点，同时，在没有确定弄懂对方的用意时，千万不可贸然行事。

从善如流

柯德希："律师先生，如果我在开庭之前送只肥鹅给法官，并附上我的名片，您认为怎样？"

律师："您疯了？您会因贿赂法官而输掉这场官司的！"

开庭的结果是柯德希赢了官司。第二天他得意地告诉律师：

"我没听您的劝告，还是把鹅寄给了法官！"

律师满脸疑惑地说："这不可能啊！这个法官我非常熟悉，他绝对是一个廉洁的人！"柯德希解释道："我把对手的名片同鹅一起寄去了。"

> **人生哲理**
>
> 柯德希的做法当然不值得提倡，但我们从这个故事中可以悟到这样一个道理：真正廉洁的人能坚持到底，经得住任何考验。

接班

这天晚上下班，张强骑着摩托车往家赶。路过一座大桥的时候，无意中发现一个乞丐提着一个鼓鼓囊囊的破包走到桥下。张强心想，这个乞丐到桥下干什么呀？就故意放慢了速度。就见那个乞丐来到一个桥洞里，东看看，西望望，然后拆下一块桥砖，从破包里一把一把往桥洞的一个大窟窿里装东西。装完了，又把砖放回原位。张强明白了，这个乞丐准是把一天要来的钱全存在这里了，这是他的私人银行！想着，就骑着摩托车走了。

第二天晚上下班，张强又看见了那个乞丐，还和头一天一样，仍然往桥洞的大窟窿里放东西，放完后，看看四下无人，就上桥走了。张强心想，这家伙把钱放这儿也不怕别人给拿走？

准是钱不多！想着，张强又回家了。

第三天，那个乞丐还跟以前一样，往桥洞里放完东西就走。张强的心里不免有些痒痒，这么多天了，那窟窿里得存多少钱了呀？要不到桥底下看看去？

张强一看那个乞丐走远了，就下了摩托车，把摩托车锁好，悄悄来到桥下，仔细一看，桥洞上有一块砖是活动的，用手把那砖抠出来往里一摸，好家伙，里边满满当当一大堆纸币。张强心怦怦直跳，四下看看，没人，就跑到摩托车上拿来自己的包，把那些钱都从大窟窿里掏出来往包里装。正装着，公路上传来一阵汽笛响，吓了张强一大跳，赶紧躲到桥洞深处。不一会儿，一辆摩托车从桥上开了过去。张强一直等到没了动静，这才把洞里最后一张纸币放到包里，走出桥洞回到公路上。

出来一看，他新买的那辆一万多块钱的摩托车没了！低头见地上有张纸条，捡起来一看：谢谢你，我终于有接班的了，桥底下这大窟窿归你了，到时候还会有人给你送摩托车来。

张强当时就傻眼了。

人生哲理

贪小便宜吃大亏，"人为财死，鸟为食亡。"这些道理我们都明白，但必须做到"君子爱财，取之有道"。

医脚

有一个人去医院看病。

病人："医生，我的大脚趾绿了，你给看看。"

医生："以我 20 年的经验，你这是癌呀！必须切除。"

没过几天，这个人又来了，他的二脚趾也绿了。

医生："以我 20 年的经验，你这是癌细胞转移呀！必须切除。"

于是病人又被切除了第二个脚趾。接下来他的脚趾一个个都被切掉了。

可没过几天，这个病人的整个脚都绿了。

医生："以我 20 年的经验，你这是袜子掉色了。"

人生哲理

经验主义要不得。有时候，对待工作马虎和麻木不仁的态度与谋财害命差不了多少。

农夫和学者

农夫和学者同乘一船，航行在河中。学者认为自己学识渊博，于是向农夫提议做一种叫"猜"的游戏。二人商定，如果学者输了，就付20元给农夫，反之农夫只需付10元给学者。农夫先出题："什么东西在河里重1000公斤，而在岸上仅重10公斤？学者苦思半晌不得其解，遂付给农夫20元。转问农夫谜底。农夫道："我也不知道。"并找还给学者10元。学者愕然。

人生哲理

尺有所短寸有所长的。知识需要灵活运用。有学问者不能过于自大和狂妄。

好奇

有个乡下人到纽约，发现到处都立有一种大柜子，只要往柜子上的一个孔里塞入25分的硬币，机器下面的洞里就会掉出很多的东西——有时是一罐可乐，有时是一包香烟。

乡下人觉得这东西很神奇，于是每次见到都忍不住要塞上个硬币试试，结果他很高兴。由于他喝了太多的可乐，需要找个厕所，令他惊讶的是，连厕所的门也是可以塞上个硬币就自动打开的。完事后无意中他发现厕所边上还有一个很不起眼的机器，上面也有个看来是塞硬币的孔，却不像别的机器能掉出东西的那种洞。机器前方半人高的地方只有一个手状的东西。

乡下人不禁浮想联翩，很想试试，可搞不明白这机器怎么用。正发愁时，有个男人急匆匆地捂着裤子拉链向机器走来。乡下人灵机一动，决定走开一点偷看这人是怎么做的。

只见那人站到机器前，使劲把腹部贴近机器，好像仔细地在把什么东西放进了那个形状奇怪的东西旁，然后塞了个硬币。很快，那人系好裤子，满意地走开了。

乡下不假思索，马上冲上去如法炮制。放入硬币，机器停了两秒钟。然后就听"砰"的一声，乡下人跳了起来，低头一看，发现投币孔下面的一行小字：本钉扣机使用 7 号黑色纽扣……

人生哲理

　　新奇的事物总能勾起人们的兴趣，让人跃跃欲试。人们总是被神秘所吸引，有一种了解的渴望。一般人却只看到皮毛，而看不见精髓。

南瓜和骏马

皇宫里着了大火，乱作一团，连伙食供应都出现困难。这时，有个好心的乡下人进城卖南瓜，便挑了个特大的送了进去。可巧，这个瓜被皇帝看见了，很高兴。为了报答乡下人，皇帝赏了一匹壮马给他。

不久，这件事被财主知道了。他想："穷人一个瓜便得了

匹马，我要是送一匹马进去，那还说不定得到多大的赏赐呢！"

于是，他从马房里挑了匹最壮的马，连夜送给了皇帝。皇帝想了想，把马收下，然后微笑着对随从说："为了报答这位好心的财主，就把那位庄稼人送我的南瓜赠给他吧！"

人生哲理
做人做事不可投机取巧，否则将自食恶果。

接受任务

海军陆战队队员吉姆被叫到总部接受任务。

"下一步，总部决定对20年以来的文件进行一次彻底的清理，所以将会需要多名打字员，希望你能够胜任这项光荣的工作，不过首先我要考一考你。来，把这篇文章打一遍。"长官说完递给吉姆一页文稿。

吉姆接过文稿坐到打字机前，心里琢磨着：自己要是考试合格，接下来的日子可就完了，每天在办公室里做这不是大老爷们做的活儿，真是比挨敌人枪子儿还难受。

于是，吉姆便慢慢腾腾地在那儿敲，短短的一篇文稿足足敲了一个多钟头，而且还故意敲错很多地方。敲完后吉姆把稿子交给长官。

长官扫了一眼稿子后高兴地说道："很好，你被录用了，明天早上8点来总部正式报到。" "可……可是……可是你还没有仔细看过我打的这份稿子呢。"吉姆着急地提醒道。"不必了，坦白地说吧，当你走到打字机前坐下的时候，你就已经通过考试了，因为你至少还分得清什么是打字机。"

| 人生哲理

很多事情在很多时候并不会按照我们主观的愿望发展。始终保持一颗平常心，随遇而安是智者的选择。

做过的好事

一个家伙站在天堂的大门前，等待认可，圣彼得正浏览着功德簿查看该男子是否够资格进入。

圣彼得来回翻了簿子好几次，皱起眉头："我没看到你做了什么特别好的事情，但你也没做过什么坏事。这样吧，如果你能告诉我一件你做过的好事，你就能进来。"

男子想了一会儿说："有哇！有一次我开车在公路上看见一群流氓攻击一名可怜的女孩。于是我停下车子去查看究竟，没错，就是他们这群人，有 50 人左右，正在折磨这个可怜的女孩。我非常气愤，下车到后车厢拿了一只扳手，朝着他们的首领走去，那是个穿着皮夹克的大块头。当我走到他身边时，其余的人将我层层包围。我用扳手打倒了首领，转身对其他人大喊：放过这个可怜的女孩吧！你们这群败类，不正常的动物，在我狠狠教训你们之前都滚回家去吧！"

圣彼得非常讶异地说："真的吗？这是什么时候的事？"

"喔，大概2分钟前吧。"

人生哲理

　　与做一件事情就可以决定去天堂或地狱一样，有时候，看似不起眼的一件事也能决定一个人是成功或失败。

书生与农夫

　　话说有两个落第秀才结伴归乡。这日来到一座城外，看到凹凸不平的城墙，一时诗兴大发，其中一个吟道："远看城墙锯锯齿。"

　　另一个亦不示弱，摇接上："近看城墙齿齿锯。"

　　"唉，以我们这样的文才竟然没有考上，考官们是都瞎了

眼了！"想想别人衣锦还乡，而自己却一无所获，两秀才抱头痛哭。

恰逢一个农夫赶着马车从旁经过，看到二书生痛哭流涕，很是不解，遂上前问缘由。两书生将自己的经历哭诉一通，又将刚刚触景而赋作的"妙句"陈说一遍，颇为不服地说："像我们这等天才居然落第，这世道可还有公理在？"

话音刚落，农夫亦蹲地而哭，二书生以为农夫是同情其遭遇，便很礼貌地上前劝慰。农夫边哭边说："这世道真是不公平啊，我的地贫得无法种庄稼，可眼看着你们两个人一肚子的肥料我却没法掏啊！"

人生哲理

　　过分的自怜自爱，有时候会误了自己，让别人耻笑。同时，陷在自恋的怪圈里，也很难进步和发展。

瞎争成癖

有个营丘人，虽学识浅陋，却总喜欢跟人家瞎争。

一天，他问艾子："大车下面和骆驼的颈项上，大都挂着铃，这是为什么？"

艾子说："大车和骆驼都是很大的东西，它们在夜里走，如不挂铃，狭路相逢就来不及避让，铃声可提醒对方早作准备。"

营丘人又问："塔上面挂铃，难道也是为了叫人准备让路吗？"

艾子笑他无知，回答说："鸟雀喜在高处做巢，鸟粪很脏，塔上挂铃。风一吹铃响起来，鸟雀就吓跑了。"

营丘人还问："鹰和鹞的尾巴上也挂着铃。哪有鸟雀到鹰和鹞的尾巴上去做巢的？"

艾子大笑，说："你这个人呀，不通事理，太奇怪了！鹰鹞出去捉鸟雀，它羽上缚着的绳子，会在树枝上缠住。假使它一扑翅膀，铃就会响起来，人们就可以循声而找到它。你怎能说是为了防鸟雀来做巢呢？"

营丘人仍旧问道："我曾见过送丧的挽郎，手上摇着铃，嘴里唱着歌，难道也是怕绊在树枝上吗？"

艾子有点气恼了，说："那挽郎是给死人开路的，这个死人生前专门喜欢跟人家瞎争，所以摇摇铃让他乐一下啊！"

人生哲理

打破砂锅问到底，精神可嘉，但要分什么事情，有没有意义。无聊的事只能让人摇头，无可奈何。生活工作够紧张的了，何必把时间浪费在一些无聊的事情上呢？

本钱已还

甲向乙借钱若干，并讲定二分利息，限期要还清。可谁知甲拿到了钱后，马上躲避起来不再露面。乙屡次上门讨债，都见不着他，不得已，只好写信质问，责其还钱。

甲便先还十几元，过几个月，又还若干元，并以此为定例，结果拖了一年多，才把本钱还清，利息却一毛不拔。

甲对乙说："借你的本钱我分文未欠，所沾光的只不过是一点利息而已。"乙很气愤，便向甲借来一件宁绸长袍，借了之后，也躲起来不露面。过了几个月，才拿宁绸一尺还给甲，并写信说："借你的衣裳，先还你一只袖子。"再过几个月，又以三尺左右宁绸还给甲，写信道："这次还你一襟。"一直拖了两年有余，才把一件袍子的表里布料还清。

然后，乙对甲说："我借你的尊衣，分寸不少，全部还清了，所沾光的不过是成衣匠的手工钱罢了！"

人生哲理

生活中，难免会遇到无可奈何之事，要么你就打碎牙咽肚里；要么你就积极面对。对那些无赖之人，要有策略，最好的办法就是以其人之道还治其人之身。

我的棉袄怎么不见了

一小偷晚上进入一户人家偷东西，这家夫妻两人已入睡。小偷摸索了半天也没啥可偷，摸到了桌子下面有个坛子，里边有半坛子米。

这家男人听见有动静，就不动声色地看小偷会偷什么，见小偷脱下自己身上的棉袄铺在地上，准备把坛子里的米偷走。

当小偷钻入桌下抱坛子的时候，男主人轻轻伸手把小偷铺在地上的棉袄抓起扔在床上。

小偷把米倒在地上后不见了自己的棉袄，就在四周摸呀摸的。这时女人醒来了，推了推身边的男人说道："哎！有小偷吧？"

男人装作没事地说："睡吧，哪有小偷！"这时小偷接言道："没有小偷，我的棉袄怎么不见了？"

人生哲理

男主人的聪明就在于他不用和小偷发生正面冲突就能避免财产损失；小偷的愚蠢就在于忘记了自己身居何处，"偷鸡不成反蚀把米"。

太空用笔

加拿大航天部门首次准备将宇航员送上太空，但他们很快接到报告，宇航员在失重状态下用圆珠笔根本写不出字来。

于是，他们用了 10 年的时间，花费 120 亿美元，科学家们终于发明了一种新型圆珠笔。这种笔适用于失重状态、身体倒立、水中、任何平面物体，甚至在零下 300 度也能书写流利。

而俄罗斯人在太空中一直使用铅笔。

人生哲理

如果抓不住问题的本质，就难免做出舍近求远、事倍功半的傻事。

吃麦当劳

一男子带着女朋友来到
麦当劳坐定，对服务员说：
"小姐，我们两位！"
服务员（大堂的）：
"哦！说完就奇怪地看
看他走开。"过了一会
儿当她又绕回这张桌子
时，那男子又说："小
姐，我们两位哎！"服务员：

"知道了，你，你有什么事吗？"男子："点菜啊！"

服务员："这个……我们这里都是自己去柜台点，我不能
收现金的。您自己去柜台好吗？"

男子："哦。"

他买好东西，端回位置，左看右看，突然暴起："你们这里
买了吃的东西怎么连筷子也不给啊？叫人家怎么吃啊？"

经理抓抓头皮，说："先生，我们这里吃东西没有刀叉、
筷子等餐具呢！"

人生哲理

不同地方的文化习俗都不一样，所以说，到哪座山头唱啥
样山歌。入乡随俗才会其乐无穷，反之则会招致尴尬和不快。

三只乌龟

　　某日，龟爸、龟妈、龟儿子一家三口决定去郊游。它们带了一个山东大饼和两罐油，出发到山上去。

　　苦爬10年，终于到了。席地而坐，卸下装备，准备进食。"该死，没带开罐器！"龟爸说，"龟儿子，快回去拿。"龟妈说："乖儿子，快！爸妈等你回来一起开饭，快去快回。"龟儿子说："一定要等我回来，不可食言喔！"龟儿子踏上归途……

　　光阴似箭，20年一眨眼就过去了，龟儿子尚未出现。龟妈受不了了："老伴，要先开饭不？我特别饿。"

　　龟爸说："不行！我们已经答应儿子了，承诺岂可儿戏？

再等他5年，再不来就不管他了！"龟爸说。

转眼又5年，还是未见龟儿子踪迹。不管了，二老决定开饭！拿出大饼，龟爸对龟妈说："老伴，你先吃吧。"

龟妈很过意不去地自言自语："儿子，对不起！妈实在是饿得受不了……"张开嘴正要咬向大饼，说时迟那时快龟儿子从树后跳出来："好啊！我就知道你们会偷吃！骗我回去拿什么开罐器。我等了25年，终于被我等到了吧？我最恨人家骗我！"

人生哲理

以小人之心度君子之腹，经常会使人活得神经兮兮。坦诚相待，可以减少许多不必要的累。

俩老抠儿

老王和老李都很抠门。老王在镇上住，老李家住农村。

一天，老王到乡下老李家串门，一直快聊到晌午头了，可老王却丝毫没有一点走的意思，明摆着一副准备蹭饭的架势，这下可急坏了老李。

老李正发愁用啥法赶老王走呢，忽然听到墙上的挂钟"当当当"地响了起来。老李眉头一皱，叉着腰盯着墙上的挂钟瞅了老半天，就是不说一句话。直到老李扯着他的衣襟问他到底咋了，他才缓过神儿来，扭头冲老王说："咦？我这挂钟咋不

走了呢？"

老王挺纳闷："刚才挂钟明明在响啊，咋会不走了呢？"他抬头看了一下墙上的挂钟，迷惑地回答道："走着的呀！"

老李不相信地又问："真走？"老王斩钉截铁地答道："真走！"老李一听，喜出望外，连忙站起来，装作一副遗憾的神情说："你瞧你咋不吃饭就走呢？"老王这才明白过来，老李这是变着法在赶自己走呢。可话都说到这份儿上了，咋还好意思赖着不走呢，只好悻悻地告辞回家。

又过了几天，老李到镇上赶集，就想到老王家串门混顿饭去。这老李是个鬼机灵，会挑时间，一直在街上逛到过了晌午头，约莫着老王家这个时候说啥也该吃中午饭了，老李这才夹着自己赶集时买的两条香烟进了老王家。一进屋，就看见老王一家正围在饭桌上吃饭，老李心里这个高兴啊，心想："这回可要蹭你老王一顿饭了。"

老王一见老李大中午头吃饭的时候登门，不但丝毫没有生气，反而乐呵呵地迎上去，把老李胳膊里夹着的烟接过来，放到桌上，扭头热情地握住老李的手，亲切地说了一句："老李，你瞧你怎么还吃过饭来的？来就来呗还送两条烟干啥？"

人生哲理

"物以类聚，人以群分。"是怎么样的人，就能交到怎么样的朋友。赤胆英雄之人只能交天下的豪客友，而鸡鸣狗盗者只能交到市井无赖之徒为友。

尊重夫人

有一位学究，正在朋友家拜访，天突然下起大雨。

友人便说："我们谈得很投机，天又下雨，干脆你就在我这里过夜算了。""好的好的，多谢挽留。"他答应着，但一转眼却又不见了。友人以为他去了厕所，也没在意。

一个小时之后，他冒雨从外面进来，淋成了落汤鸡。

友人忙问他是怎么回事。他说："我特地回家通知夫人，因今夜雨大，我不回家了。"

人生哲理

环境时刻在变化，处理问题的方法也该灵活多样。像学究这般机械教条地回家请假，和"郑人买履"一样可笑。

题字

某领导字写得特别差，很是拿不出手，但由于平时批文件总是写"同意"，所以这两个字写得特别好。

一次，他带团到日本参加交流会。考察结束后，接待方提出请每一位与会人士写一幅字，作为纪念保留下来。

这位领导一听心里就急了，心想这可如何是好，我只有"同意"二字写得不错，但这种场面，不写又不合适。正在为难之计，突然灵机一动："有了！"

轮到他题字时，他便从容不迫地说道："大家知道，日语里有很多汉字，但他们的读音和含义与汉语中的汉字是不一样的，我就以此为题写一首小诗。"

于是这位领导挥毫写了起来，写完之后，大家一看，连声称好，原来他写的是："同字不同意，同意不同字；字同意不同，意同字不同。"

人生哲理

避短扬长，随机应变。一个机智的人，总是能轻松自如地面对任何挑战。

买橄榄球

富有的格特太太一直住在乡下，她听说孙子上了大学，还参加了学校的橄榄球队，非常高兴。她知道打橄榄球是项运动，虽然她没看过橄榄球比赛，然而运动员强健的体魄她是可以想象的。

格特太太为孙子进了城。她到了孙子的学校，正赶上孙子参加球赛，于是就坐在看台上等着看比赛。可是比赛一开始，她就难过地哭了："原

来是这样，和许多人拼命地抢一个球，你只要跟我说一声，要多少我会给你买多少啊！"

人生哲理

这是一个竞争的年代，校园里要竞争，职场上也要竞争。竞争中当然要全力去做，并享受竞争带给自己的磨炼和收获。不努力，你永远得不到机会，永远锻炼不了自己的能力，最后会被淘汰出局。

方便不方便

某日，一个对中文略知一二的老外去某工厂参观，参观当中，厂长说："对不起，我去方便一下。"

老外不懂这句中文，问翻译："他说'方便'是什么意思？"翻译说："就是去厕所。"老外："喔……"

参观结束，厂长热情地对老外说："下次您方便的时候我请您吃饭！"老外一脸不高兴，用生硬的中文说："我在'方便'的时候从来不吃饭！"

人生哲理

知之为知之，不知为不知，这谁都明白，也没有谁会对自己不熟悉的事物去过多理论。问题总是发生在似懂非懂或自以为是的当口。

狗教书

一个人惯于说谎话。有一次他对亲家说自己家里有三件宝：有头牛，能日行千里；有只鸡，每个更次啼一声；还有只狗，能读书认字。

亲家听了很吃惊，说："有这样的新鲜事，过些日子我一定到府上看看。"说谎人回到家，对妻子讲了经过，并说自己一时说了谎，亲家又要来看，不知如何应付。

妻子说："不要紧，我自有办法。"

第二天，亲家果然来了。说谎人赶紧躲出去，他妻子对亲家谎称丈夫早上出远门了。

亲家问几时回来，女主人说："七八天就回来。"

亲家又问怎么能那么快，女主人道："骑了我们家的牛去的。"

亲家说："您家还有报更的鸡，怎么大中午的也叫？"

女主人说："这就是，它不仅夜里报更，白天听到生客来也报。"

亲家听了说："听说还有能读书的狗，可否让我看看？"
女主人答道："不瞒亲家说，只因为家里穷，让它出外教书去了。"

┃人生哲理

谎言一旦说出口，就需要更多的谎话圆谎，这只会给说谎者带来无尽的尴尬和麻烦。

吝啬鬼的遗嘱

古时候，有一个人非常吝啬。有一次，他病了，病情越来越重。当他生命垂危的时候，便把孩子们叫到身旁，嘱咐说："你们听我说，我已经给寺院捐了不少款，可是到现在还没得到极乐世界的消息。不要因为我的死而乱花钱。务必把丧事办得俭朴一些，尽可能不花钱才好。"

孩子们说："那就照您的遗嘱办，可是棺材总得雇人用轿子抬出去吧？"

老头道："不，那太费钱了。"

"那就用牛车拉吧。"

"那也费钱。"

"那就请两个人扛出去吧。"

"不，那也得雇两个人，要花钱，那不行。"

"到底该怎么办呢？"

隔了一会儿老头说："真麻烦。死后，还是让我走着去吧。"

人生哲理

抛开吝啬这方面不说，从固执的老人身上我们还会看到：对别人不放心的人实际上是对自己不放心，对别人不相信的人就是对自己的不相信。实际上，把事情放手让给他人去做，也是对自己的一种解脱，是对自己的一种善待，是另一种幸福。

白衣女子

半夜，一位计程车司机由于工作了一整天，觉得很累，所以就准备开车回家。行经市第二殡仪馆时，心里觉得毛毛的，想着要赶快离开这里。

这时，路旁突然有一位身着白衣的女子招手打车。司机在犹豫要不要停车的时候，车子在那女子前面熄火了。

司机觉得好奇怪，怎么会这样呢？

这时，那女子无声无息地上车了。

"我要到松山机场。"那女子开口说话。

司机觉得更加恐怖，而车子偏在这时又可以发动了。

"好的，松山机场是吧？"司机用颤抖的声音说着。

车子行驶途中，司机用后照镜看了那女子几眼，越来越觉

得那女子面无表情，脸色苍白，觉得自己好像碰到了……

为了让自己不去胡思乱想，司机拿出一个苹果来啃，用来消除内心的不安。这时，后座的女子说话了："我生前最喜欢吃苹果了。"

司机一听，咬了一口苹果的嘴巴不但张大不动，连头发都竖起来了！那女子继续道："可是我生完小孩后就不喜欢吃了。"

> **人生哲理**
>
> 人常常受环境和地点的影响，被它左右理智，不同的环境有不同的心态。

谁是笨蛋

某天两个有钱人在乡村俱乐部里闲话家常。其中一人对另一个人说："嘿，我告诉你我的司机实在很笨，你不认为吗？你看看就会知道。"

他把他的司机吉米叫过来对他说："这里有 10 元，到汽车展示区去给我买一辆车回来。"

吉米回答："是！先生，我马上就去。"说完就跑去汽车展示区了。有钱人对着他的朋友说："看，我告诉你他很笨吧？"

而另一个有钱人说："那没什么，你要看笨蛋，我就给你看真的笨蛋。"接着，他就叫他的司机比利过来："比利，回家去看看我在不在家。"

比利回答："是，先生，我马上就去。"说完就跑回家了。

另一个人说："看到了吧，他甚至不用脑子想想，我在这里又怎么可能会在家呢？"稍后，两个司机在街上相遇。吉米对比利说："嘿，你知道吗？我老板实在是太笨了，他竟然给我 10 元叫我去汽车展示区买一辆车给他，他不知道今天是星期日吗？汽车展示区根本没开！"

比利回答："你认为他笨吗？我老板比他笨多了！他竟然叫我回家看他有没有在家，他有移动电话，他不会自己打啊！"

人生哲理

天下没有一个人愿意承认自己是愚笨之人，都自认为比他人聪明，眼前的人个个都傻。所以，当你在说别人是傻瓜的同时，很可能在你的背后，对方也在议论你多么傻。

机场柜台人员

某日在丹佛机场，一架联合航空班机因故停机，机场柜台人员必须协助大批该班机的旅客转搭其他飞机，柜台前排满了办手续的人。

这时候有一个老兄从排队的人群里一路挤到柜台前，将机票甩在柜台上并说："我一定要上这飞机而且是头等舱！"

服务小姐很客气地回答说："先生，我很乐意替您服务，但我要先替这些排在前面的人服务。"

此时，这位仁兄很不耐烦地说："你知道我是谁吗？"

只见这位柜台小姐从容地拿起麦克风广播道："各位旅客请注意，23号柜台前有一位先生不知道自己是谁，如果有哪位旅客能帮他辨识身份的话，烦请到联合航空23号柜台，谢谢！"

此时排在后面的旅客都忍不住笑了出来。

人生哲理

不亢不卑是一种威力强大的武器，在它面前，任何权势和傲慢都会低头。

省了 10 块钱

汤姆和妻子玛萨每年都要参观国防科技展，玛萨总是说："汤姆，我好想乘坐那架长尾巴表演飞机。"

汤姆也说："我知道，亲爱的，可是，乘坐那架飞机要花费10块钱呐！"

这一年，汤姆和玛萨又参观国防科技展。

玛萨说："汤姆，我都71岁了，如果今年我再坐不上那架长尾巴表演飞机，恐怕以后再也没有机会了。"

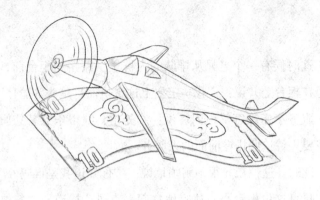

汤姆答道:"玛萨,坐那架飞机要花费 10 块钱哪。"

这番对话让那位飞行员听到了,他嫌汤姆夫妇俩太小气,就说:"这样吧,我来和你们做笔交易。我让你俩上飞机,如果你们能在整个飞行当中不说话,我就不收你们一分钱;但一旦说了,就收你们 10 块钱!"

汤姆和玛萨一致同意,上了飞机。紧接着飞机又是翻滚,又是俯冲,在空中做着各种各样的高难度动作。老两口果真一声没吭。

飞机着陆后,飞行员转过身来对汤姆说道:"啊,你们真厉害,我几乎把所有的招数都使出来了,可你们就是一句话也没说!"

汤姆道:"刚才玛萨掉出机舱的时候,我差点喊'救命',可一想到 10 块钱,我就不敢说话了。"

人生哲理

要珍惜现在的幸福,金钱虽然可以令你享受多姿多彩的物质生活,但金钱绝对不是人生的全部意义。金钱无法买到幸福和快乐。和生命相比,金钱又算得了什么呢?

白费功夫

两部卡车尾部相连停放着，一名司机拼命地搬动一只大木箱。路人见他那么辛苦，自告奋勇上前去帮忙。二人你推我拉，汗流浃背，气喘如牛，忙了好半天仍然没办法取得丝毫进展。

路人放弃了，喘着粗气说："我看是没办法了，我们不可能将这箱子移到那辆车上去了。""什么？谁说要移到那辆车上去啊？我正在努力把箱子放到我车厢的最里面。"

人生哲理

人生如同驶船，方向没有找对，无论怎样拼命努力，离目标只会越来越远。

现代版"千年等一回"

在公交车上，王书看到一个漂亮的女孩子，立马就被她迷住了。反正没事，王书看到女孩下车，他马上就跟着也下了车。

后来就一路跟踪。女孩买汽水，王书就买口香糖。女孩打的，王书也打的。女孩上厕所，王书就站在厕所边把门。女孩进公园，王书也买了一张票。

王书还发现女孩偶尔还回过头来朝他笑一笑。

后来女孩进了公园的山上，王书也跟了去。可是跟着跟着，女孩不见了人影。王书正东张西望，女孩又从树林中出现了，还提了两大袋东西，友好地朝王书笑笑，王书紧张得不知所措。

女孩走了过来，对王书说："下山吗？"

王书忙说："下，我下。"

女孩说："我也下，我现在有点事，这点东西能不能帮我提一下，我去去就来。""好，好的，没问题。"王书说。

于是王书就提着东西等。好沉的东西呀！

可是左等右等，女孩就是不来。末班车就要走了，怎么办呀？哎，没办法了，只得赶紧上车。可是这东西，哎，打开看看。哟，包得挺好的，一层，两层，三层，四层，哈，出来了，我的天，两块好大的石头还有一张小纸条，上面写着："我就不信甩不掉你！"

人生哲理

> 人在被诱惑的情况中，常常会失去理智和判断力，被人愚弄。

勇敢的消防队

油井起火，公司经理叫来了消防队，可是由于火势太大，消防队员无法靠近，只能在 2000 米以外活动。

公司管理员请的一支业余消防队这时也赶来了，消防车勇敢地一直开到离大火只有 50 米的地方才停下，消防队员迅速抓起水枪，动手救火，很快就把火扑灭了。第二天公司经理给这支业余消防队发了 2000 元奖金。有人问那队长，2000 元如何安排？

队长不假思索地回答说："首先要办的是把消防车的刹车修好。真是见鬼，昨天那辆破车差点把我们送进大火里去！"

人生哲理

歪打正着，坏事变好事。很多时候有很多事情是你不能左右的，好和坏都蕴含在其中。

机智与反应

一个好的售货员最重要的就是机智与反应力。有一位客人到一家超市买东西，站在货架前东挑西选就是找不到想要的。

一名售货员便走上前询问："先生，有什么需要我帮忙的吗？""嗯，"那人说道，"我想买半棵大白菜，行吗？""真是非常抱歉，本店只卖整棵的。"顾客与之僵持不下，坚持要半棵大白菜。售货员没办法只好去询问经理："经理，外面有一个混蛋偏偏要买半棵大白菜！"

没想到，售货员说完话一转头，发现那顾客就跟在身后，售货员脑筋转得很快："咳，而这一位先生呢，想买另外半棵！"

事情过后，经理觉得此人反应不错，便想调他去分公司当主管。售货员听到后不以为然，非常不高兴地说道："拜托！只有妓女和曲棍球球员才会住在那儿！"

经理立刻脸色大变："是呀，真不巧！我老婆住在那里已经两年了！"售货员一听立刻说道："哦，那，你老婆是打哪一个位置的呢？"

人生哲理

现实生活当中我们经常会出现说错话或者口误的情形，只要我们能够像故事当中的售货员一样足够机灵，还是有可能改贬为褒，挽回尴尬局面的。

钥匙被锁

丈夫要到外地出差，临走时对妻子说："在我离家期间把别人给我的信寄给我。"妻子说："放心吧！"

转眼一个月过去了，丈夫一封信也没收到。他感到很奇怪，于是打电话问妻子："为什么不把我的信寄给我？"

"你把信箱上的钥匙带走了。"

丈夫连忙道歉，并说马上把钥匙寄回去。

又过了一个月，还是没有收到一封信，他很生气。出差结束回到家，他问妻子是怎么一回事儿。

"我也没有办法啊！

亲爱的，你寄回来的钥匙也锁在信箱里了。"

　　解决问题要从根本上入手，否则只能是顾此失彼、徒劳无益。

聚会风波

　　有一天，几个好朋友在街上相遇，他们决定到饭店去吃一顿。于是他们来到了饭店，点了菜，吃着喝着他们又都不想付钱，于是其中的一个人就说："我们都用自己的姓说一句话，都和这菜有关。说对了的，才可以吃；说不上来的，不但不能吃还得付钱。"别的人都说好。这时服务员把菜端了上来，姓姜的先说："我是姜太公钓鱼。"说完就把鱼端了过去。姓黄的说："我是黄鼠狼偷鸡。"说完把鸡端了过去。姓秦的说："我是秦始皇吞并六国。"说完他把剩下的都端了过去。这时就只有那个姓孙的了，什么都没吃还得付钱，心里便有些不舒服。不过，最后还是他最厉害，他说："我是孙悟空大闹天宫！"说完就把桌子掀了。

人生哲理

　　从自私自利的起点出发，无论跋涉多久，都不可能抵达高尚之境。

飞机上的奇遇

一人在飞机上向空姐要一瓶矿泉水，怎么等也不见空姐送来，正在懊恼，听见身后有人喊："老子要的 XO 呢？还不送来？"这人心想："谁这么牛啊？"回头一看，原来是只鹦鹉。

只见空姐急忙忙地地跑来，嘴里不住地说道："对不起，对不起，马上就来。"果然，一会儿她就拿了瓶 XO 过来。谁知鹦鹉又喊："去你的，你耳背吧，我要的可是矿泉水！"空姐忙说："对不起，马上给您换。"

此人心想："怪不得不给我拿矿泉水，原来她们怕横的啊！"于是站起来冲着空姐喊道："我要的矿泉水你什么时候拿来？"空姐说："请稍等。"

一会儿，空姐带了一个壮汉过来。空姐朝那人一指："就是他！"壮汉就把这个人扔出了飞机。

此人一边下落一边想："我一大老爷们，还没鹦鹉面子大。"越想越窝火，突然看见鹦鹉也被扔了下来。

鹦鹉经过他身边时说："你不会飞就别跟我学，这下傻了吧？"

人生哲理

是呀，"不会飞"干吗要跟别人学呢？每个人都有自己的长处，处理问题要善于扬长避短，不可生搬硬套别人的做法。

爱财如命

　　有一个富翁满脑子只有钱。一天，他开着新买的"奔驰"车兜风，后来临时在路边停车，刚打开车门，车门便被旁边疾驶的汽车撞飞了。没多久，警察赶到。富翁心痛地抱怨道："警察先生，你看这么贵的车给撞成了什么样？""你怎么只知道钱？你的左胳膊被撞掉了，你知道吗？"警察说道。

　　富翁这时才发现自己左胳膊已经没了，痛苦地叫道："哦，上帝啊！我的'劳力士'哪儿去了？"

> **人生哲理**
>
> 　　金钱容易蒙蔽人的心智，眼里只有财富的人，很容易迷失自己。

在精神病院里

　　卫生部的一位官员到一所精神病院里参观，前来陪同的院长告诉他，这里有些病人很危险，但管理得很好。

　　参观快要结束时，在病房外边的走廊里，有一个女人迎面走来。官员发现她的眼睛里露出一股凶光，便连忙退到一边。还好，那个女人只是狠狠地瞪了院长一眼就过去了，什么事情也没发生。

　　等她走远了，官员才转过脸来批评院长："看来你们这里

的管理还需要加强。"院长一个劲儿地点头。

事后,有人告诉那位官员,那个女人并不是这里的精神病人,而是院长的妻子。

人生哲理

不要轻易发言表态,要在调查研究之后再说话,尤其是一个领导,这点非常重要。一定要了解清楚,让自己的话语有千斤重,掷地有声,这样,你才会提高自己的威信。

我们的船呢

有一个魔术师,他的一生都在一艘船上表演,他的老板养了一只会说话的鹦鹉。因为这个魔术师表演的时间长了,鹦鹉看透了魔术师的把戏,所以当魔术师把手里的一束花或其他东西变没了的时候,这个多嘴的鹦鹉总给大家说:"在他的衣服

里啊。"这个魔术师每次都很生气，不喜欢那只多嘴多舌的鸟。

有一天船进了水，结果船翻了。魔术师爬上了一块船板，正好鹦鹉也在上面，鹦鹉用疑惑的眼神看着魔术师，魔术师也看着它。

就这样过了三天三夜，终于鹦鹉忍不住开口了，它问魔术师："好了，这次我算真的服你了，你快说你把船变到哪去了啊？"

人生哲理

假作真时真亦假。当谎言变成了习惯，别人就会认为你的每一个行为都在作假。

付账

杰克喝完第10杯啤酒后准备回家。这时，侍者上前说道："先生，请付了钱再走。""我不是已经付过了吗？难道你忘了？"杰克佯装生气地呵斥道。"嗯，这个，如果你记得付过了，那就一定是付过了吧。"侍者不是很确信道。杰克走出酒吧后遇到了彼得，便把侍者记不清是否付账的事一五一十告诉了彼得。彼得如法炮制，等喝完第15杯啤酒后，起身便往外走。

"对不起，先生，您付钱了吗？"侍者问道。

"我付过了！难道你不记得了吗？！你这么问是对我的侮辱！把你们老板叫来！"彼得变本加厉。

"嗯，这个，如果你真的记得已经付过了，那我就相信你。"

侍者有些犹豫。彼得出去后又把秘密告诉了戴维。戴维旧戏重演，在吧台边上喝了 20 杯还不打算离去。这时，侍者上前和戴维闲聊起来："你可能不会相信，今晚有两个人明明没有付账，却都理直气壮，硬说自己付了账，要是谁还敢给我来这一套，我就打扁他的鼻子！"

"我没时间听你发牢骚，快把零钱找给我，老子还要赶路。"戴维面不改色地催促道。

人生哲理

> 要做到理直气壮，并不是件容易的事情。理直的人，说出的话往往会柔声细语；而理歪的人，却常常是气壮如牛。

站住不要动

有一个个性鲁莽率直的士官接到消息，他属下一个士兵的祖父死了。点名的时候他粗声地对那名士兵说："喂！你的祖父死了。"士兵听后，当场昏了过去。

过了一个星期，另一个士兵的祖母死了，士官又把他的部下集合起来，当众对那名士兵说："你的祖母昨天夜里死了！"那个士兵听了，号啕大哭！

后来有人向上校投诉说那名士官冷酷无情，上校便告诫他说："以后部下家里有丧事，要婉转一点通知他们。

过了一个星期，士官又接到通知，他的一名部下刚死了祖母。

他记得上校的话，便把所有的士兵集合起来宣布道："凡是祖母仍健在的，向前走一步……"

然后士官指着一名士兵："喂，你站在那里不要动！"

人生哲理

　　说话是一门艺术，也是一种能力，是需要学习的。同样一件事，有的人表达出来温暖人心，有的人说出来却让人如坠冰窟。

丘吉尔洗澡

二战时期，有一次美国总统罗斯福因为有急事要和英国首相丘吉尔商量，就赶到了丘吉尔的府邸。

恰巧，丘吉尔正在房内洗澡，卫兵没来得及阻拦，罗斯福已经闯了进去。看见赤条条的英国首相，这位美国总统尴尬地站在那里，不知道说什么好。

丘吉尔微笑了一下，急中生智地说："总统先生，您看，我们大英帝国在美国面前可是毫无保留的啊！"

接下来两位领袖谈得非常好，英国获得了美国方面的大量军事援助。

人生哲理

　　丘吉尔的急中生智，既缓和了当时尴尬的气氛，又委婉地向罗斯福表明了英国与美国合作毫无保留的态度。这种把坏事变成好事的应变能力确实让人钦佩。

要找的东西

老李的老伴为一件生活琐事，跟他怄起气来，几天几夜没跟他说一句话。老李问她事情，她也不搭腔。老李很苦恼，后来他想出了一个好主意。

这天一大早，老李起床后就开始在房间里找东西，翻箱倒柜地找，也不知他到底想找什么。老伴开始没有理会，看他翻个不停，忍不住开了口："你找什么东西呀？"老李听后哈哈大笑起来："我就找你这句话呀！"

人生哲理

日常生活中，夫妻间磕磕碰碰、争争吵吵也是常事。我们在处理家庭矛盾时，要学会"幽默"。幽默是家庭气氛的调节剂，用好了，可以使家中充满亲密和谐的气氛。

抓第二只

有 3 人一起去猎熊，在一间小屋过夜，言谈中都说自己是个好猎手。第二天一大早，其中一个人悄悄溜出小屋，想立个头功。不久他果然遇到一只足够大的黑熊。他吓得半晌不能动弹，接着把猎枪扔掉，掉头就跑。那熊就在后面追他。到了小屋门口，他腿一软跌倒了。熊冲上来，他一闪，熊扑了个空，跌进了屋里。此人的脑子倒来得快，见状立即把门从外面反锁起来，叫道："伙计们，这是我捉的第一只，你们先剥它的皮吧，我现在去抓第二只！"

> **人生哲理**
>
> 喜欢说大话是个很不好的毛病，久而久之，便会失去正常人所具备的一切，包括自信、尊严和别人对你的信任。

大智若愚

威廉出生在一个小镇上。他是一个文静且又怕羞的孩子，人们都把他当成是个傻瓜看待。

镇上的人常常喜欢捉弄他。他们经常把一枚 5 分的硬币和一枚一角的硬币扔在他面前，让他任意捡一个。威廉总是捡那个 5 分的，于是大家都嘲笑他。

有一天，一位妇人看到他很可怜，便对他说："威廉，难

道你不知道一角要比 5 分值钱吗？""当然知道。"威廉慢条斯理地说，"不过，如果我捡了那个一角的，恐怕他们就再也没有兴趣扔钱给我了。"

人生哲理

和那些喜欢捉弄小威廉的人一样，很多人的悲哀并不是因为他有多愚蠢，而恰恰是因为他的自以为聪明。

剩个乞丐给我

张、李两人同行，远远看见一个富翁坐在轿子里，张急忙把李拉到一旁说："那富翁是我亲戚，见到我，一定会下轿招呼，彼此费事，避开为好。"走着走着，路上又碰到了一个贵人，张又说是他好友，也把李拉开，在路旁回避。

再往前走，见到了一个乞丐。李急拉张往一旁躲避说："这个穷乞丐是我亲戚，又是好友，要是不回避一下，彼此都不好意思。"

张惊奇地问："你为什么会有这样的亲友？"

李笑着说："富翁贵人都给你认作亲友了，只好剩下穷乞丐给我！"

人生哲理

虚荣之心不可有。不可为了满足自己的虚荣心，过分或虚假地伪装身份，如果你真的这样做，那么必然会为他人留下笑柄。

借钱

伊万想喝酒，便向村里一个人借一个银币。他们双方商量了条件：伊万明春加倍还钱，在此期间他用斧子作抵押。

伊万刚要走，那人叫住他："伊万，等一等，我想起一件事，到明春要凑足两个银币你是有困难的，你现在先付一半不是更好吗？"

这话使伊万开了窍，他归还了那个银币，走到路上又想了一阵子，然后自言自语地说："怪事，银币没了，斧子没了，我还欠一个银币……那人好像还蛮有道理的。"

> **人生哲理**
>
> 天下最可怜的是自己被骗了还浑然不觉，还要回头向骗子道一声谢谢。如果人人都学得聪明一些，那骗子就没有了市场。

为自己的女儿做媒

萨特想把自己的母牛卖掉，可他牵着母牛在集市上转了好久，也没有卖出去。一位朋友见了，接过他手里的牛缰绳，把牛牵到另外一个地方，放声吆喝道："快来买呀，这是一头母牛，已经怀孕 6 个月了。"

一位急着要买怀孕母牛的顾主立刻跑来，出高价把母牛买走了。萨特又惊又喜，拿上钱谢过那位朋友，高高兴兴地往家里赶。

回到家里，萨特发现有几个媒婆正坐在家中。妻子急忙悄声对他说："有人给咱们女儿说媒来了，这回让她们好好看一看咱们的女儿，咱们也夸一夸她如何能干，给她找一个好婆家！"

"闭上你的嘴，这事我来说，这回我可知道了怎样夸奖自己的货色了。"萨特说。妻子还以为萨特有什么好办法，于是便恭恭敬敬地接待媒婆去了，还让女儿吻了她们的手。妻子对媒婆说："请贵客稍等，让孩子她爸跟你们慢慢说吧！""为什么要慢慢说呢？"萨特走过来，急忙说道，"只有一句话，我们的闺女已经怀孕 6 个月了！"萨特刚说完，媒婆们便吓得捂着脸逃走了。

人生哲理

什么事物都讲究具体问题具体分析。一个好办法，不能一用到底。因为，世界上没有两片相同的树叶。事与事不同，人与人不一样，一根筋办事的人最后只会闹出笑话。

大事与小事

妻子："亲爱的，要让我们今后的生活甜甜蜜蜜，以后所有的大事都由你来决定，而所有的小事都听我的安排，怎么样？"

丈夫："那么，具体讲哪些小事听你的安排呢？"妻子："我决定应该申请什么样的工作、应该住在什么样的房子里、应该买什么样的家具、应该到哪里度假，诸如此类的事儿。"

丈夫："那么哪些大事由我来决定呢？"

妻子："你决定谁来当总统、我国是否应该增加对贫穷国家的援助、我们对原子弹应该采取什么样的态度……"

人生哲理

一位婚姻专家曾经说过：夫妻之间无大事，夫妻之间也无小事。家庭中任何事只有在相互尊重、关爱对方的基础上，才会变得容易解决。

图书在版编目 (CIP) 数据

人生哲理枕边书：每天读一个人生哲理 / 桑楚主编 .
— 北京：中国华侨出版社，2017.12（2019.1 重印）
  ISBN 978-7-5113-7309-0

  Ⅰ . ①人… Ⅱ . ①桑… Ⅲ . ①人生哲学—通俗读物
Ⅳ . ① B821-49

中国版本图书馆 CIP 数据核字（2017）第 310048 号

人生哲理枕边书：每天读一个人生哲理

主　　编：桑　楚
出 版 人：刘凤珍
责任编辑：笑　年
封面设计：李艾红
文字编辑：黎　娜
美术编辑：盛小云
经　　销：新华书店
开　　本：880mm×1230mm　1/32　印张：8　字数：160 千字
印　　刷：三河市悦鑫印务有限公司
版　　次：2018 年 3 月第 1 版　　2021 年 1 月第 7 次印刷
书　　号：ISBN 978-7-5113-7309-0
定　　价：36.00 元

中国华侨出版社　北京市朝阳区西坝河东里 77 号楼底商 5 号　邮编：100028
法律顾问：陈鹰律师事务所
发 行 部：（010）58815874　　　传　　真：（010）58815857
网　　址：www.oveaschin.com　　E－m a i l：oveaschin@sina.com

如果发现印装质量问题，影响阅读，请与印刷厂联系调换。